經理人的天使與魔鬼　經理人的天使與魔鬼　經理人的天使與魔鬼

U0091395

經理人的天使與魔鬼　經理人的天使與魔鬼　經理人的天使與魔鬼　經理人的天使與魔鬼　經理人的天使與魔鬼

經理人的天使與魔鬼　經理人的天使與魔鬼　經理人的天使與魔鬼　經理人的天使與魔鬼　經理人的天使與魔鬼

經理人的天使與魔鬼　經理人的天使與魔鬼　經理人的天使與魔鬼　經理人的天使與魔鬼　經理人的天使與魔鬼

經理人的天使與魔鬼　經理人的天使與魔鬼　經理人的天使與魔鬼　經理人的天使與魔鬼　經理人的天使與魔鬼

經理人的天使與魔鬼　經理人的天使與魔鬼　經理人的天使與魔鬼　經理人的天使與魔鬼　經理人的天使與魔鬼

經理人的天使與魔鬼　經理人的天使與魔鬼　經理人的天使與魔鬼　經理人的天使與魔鬼　經理人的天使與魔鬼

經理人的天使與魔鬼　經理人的天使與魔鬼　經理人的天使與魔鬼　經理人的天使與魔鬼　經理人的天使與魔鬼

經理人的天使與魔鬼　經理人的天使與魔鬼　經理人的天使與魔鬼　經理人的天使與魔鬼　經理人的天使與魔鬼

經理人的天使與魔鬼　經理人的天使與魔鬼　經理人的天使與魔鬼　經理人的天使與魔鬼　經理人的天使與魔鬼

經理人的天使與魔鬼　經理人的天使與魔鬼　經理人的天使與魔鬼　經理人的天使與魔鬼　經理人的天使與魔鬼

經理人的天使與魔鬼　經理人的天使與魔鬼　經理人的天使與魔鬼　經理人的天使與魔鬼　經理人的天使與魔鬼

經理人的天使與魔鬼　經理人的天使與魔鬼　經理人的天使與魔鬼　經理人的天使與魔鬼　經理人的天使與魔鬼

經理人的天使與魔鬼　經理人的天使與魔鬼　經理人的天使與魔鬼　經理人的天使與魔鬼　經理人的天使與魔鬼

經理人的天使與魔鬼　經理人的天使與魔鬼　經理人的天使與魔鬼　經理人的天使與魔鬼　經理人的天使與魔鬼

經理人的天使與魔鬼　經理人的天使與魔鬼　經理人的天使與魔鬼　經理人的天使與魔鬼　經理人的天使與魔鬼

經理人的天使與魔鬼　經理人的天使與魔鬼　經理人的天使與魔鬼　經理人的天使與魔鬼　經理人的天使與魔鬼

經理人的天使與魔鬼　經理人的天使與魔鬼　經理人的天使與魔鬼　經理人的天使與魔鬼　經理人的天使與魔鬼

經理人的天使與魔鬼　經理人的天使與魔鬼　經理人的天使與魔鬼　經理人的天使與魔鬼　經理人的天使與魔鬼
經理人的天使與魔鬼　經理人的天使與魔鬼　經理人的天使與魔鬼　經理人的天使與魔鬼　經理人的天使與魔鬼
經理人的天使與魔鬼　經理人的天使與魔鬼　經理人的天使與魔鬼　經理人的天使與魔鬼　經理人的天使與魔鬼
經理人的天使與魔鬼　經理人的天使與魔鬼　經理人的天使與魔鬼　經理人的天使與魔鬼　經理人的天使與魔鬼
經理人的天使與魔鬼　經理人的天使與魔鬼　經理人的天使與魔鬼　經理人的天使與魔鬼　經理人的天使與魔鬼
經理人的天使與魔鬼　經理人的天使與魔鬼　經理人的天使與魔鬼　經理人的天使與魔鬼　經理人的天使與魔鬼
經理人的天使與魔鬼　經理人的天使與魔鬼　經理人的天使與魔鬼　經理人的天使與魔鬼　經理人的天使與魔鬼
經理人的天使與魔鬼　經理人的天使與魔鬼　經理人的天使與魔鬼　經理人的天使與魔鬼　經理人的天使與魔鬼
經理人的天使與魔鬼　經理人的天使與魔鬼　經理人的天使與魔鬼　經理人的天使與魔鬼　經理人的天使與魔鬼
經理人的天使與魔鬼　經理人的天使與魔鬼　經理人的天使與魔鬼　經理人的天使與魔鬼　經理人的天使與魔鬼
經理人的天使與魔鬼　經理人的天使與魔鬼　經理人的天使與魔鬼　經理人的天使與魔鬼　經理人的天使與魔鬼
經理人的天使與魔鬼　經理人的天使與魔鬼　經理人的天使與魔鬼　經理人的天使與魔鬼　經理人的天使與魔鬼
經理人的天使與魔鬼　經理人的天使與魔鬼　經理人的天使與魔鬼　經理人的天使與魔鬼　經理人的天使與魔鬼
經理人的天使與魔鬼　經理人的天使與魔鬼　經理人的天使與魔鬼　經理人的天使與魔鬼　經理人的天使與魔鬼
經理人的天使與魔鬼　經理人的天使與魔鬼　經理人的天使與魔鬼　經理人的天使與魔鬼　經理人的天使與魔鬼
經理人的天使與魔鬼　經理人的天使與魔鬼　經理人的天使與魔鬼　經理人的天使與魔鬼　經理人的天使與魔鬼
經理人的天使與魔鬼　經理人的天使與魔鬼　經理人的天使與魔鬼　經理人的天使與魔鬼　經理人的天使與魔鬼
經理人的天使與魔鬼　經理人的天使與魔鬼　經理人的天使與魔鬼　經理人的天使與魔鬼　經理人的天使與魔鬼
經理人的天使與魔鬼　經理人的天使與魔鬼　經理人的天使與魔鬼　經理人的天使與魔鬼　經理人的天使與魔鬼
經理人的天使與魔鬼　經理人的天使與魔鬼　經理人的天使與魔鬼　經理人的天使與魔鬼　經理人的天使與魔鬼
經理人的天使與魔鬼　經理人的天使與魔鬼　經理人的天使與魔鬼　經理人的天使與魔鬼　經理人的天使與魔鬼
經理人的天使與魔鬼　經理人的天使與魔鬼　經理人的天使與魔鬼　經理人的天使與魔鬼　經理人的天使與魔鬼
經理人的天使與魔鬼　經理人的天使與魔鬼　經理人的天使與魔鬼　經理人的天使與魔鬼　經理人的天使與魔鬼

經理人的天使與魔鬼

經理人的天使與魔鬼

經理人的天使與魔鬼　經理人的天使與魔鬼　經理人的天使與魔鬼　經理人的天使與魔鬼　經理人的天使與魔
經理人的天使與魔鬼　經理人的天使與魔鬼　經理人的天使與魔鬼　經理人的天使與魔鬼　經理人的天使與魔
經理人的天使與魔鬼　經理人的天使與魔鬼　經理人的天使與魔鬼　經理人的天使與魔鬼　經理人的天使與魔
經理人的天使與魔鬼　經理人的天使與魔鬼　經理人的天使與魔鬼　經理人的天使與魔鬼　經理人的天使與魔
經理人的天使與魔鬼　經理人的天使與魔鬼　經理人的天使與魔鬼　經理人的天使與魔鬼　經理人的天使與魔
經理人的天使與魔鬼　經理人的天使與魔鬼　經理人的天使與魔鬼　經理人的天使與魔鬼　經理人的天使與魔
經理人的天使與魔鬼　經理人的天使與魔鬼　經理人的天使與魔鬼　經理人的天使與魔鬼　經理人的天使與魔
經理人的天使與魔鬼　經理人的天使與魔鬼　經理人的天使與魔鬼　經理人的天使與魔鬼　經理人的天使與魔
經理人的天使與魔鬼　經理人的天使與魔鬼　經理人的天使與魔鬼　經理人的天使與魔鬼　經理人的天使與魔
經理人的天使與魔鬼　經理人的天使與魔鬼　經理人的天使與魔鬼　經理人的天使與魔鬼　經理人的天使與魔
經理人的天使與魔鬼　經理人的天使與魔鬼　經理人的天使與魔鬼　經理人的天使與魔鬼　經理人的天使與魔
經理人的天使與魔鬼　經理人的天使與魔鬼　經理人的天使與魔鬼　經理人的天使與魔鬼　經理人的天使與魔
經理人的天使與魔鬼　經理人的天使與魔鬼　經理人的天使與魔鬼　經理人的天使與魔鬼　經理人的天使與魔
經理人的天使與魔鬼　經理人的天使與魔鬼　經理人的天使與魔鬼　經理人的天使與魔鬼　經理人的天使與魔
經理人的天使與魔鬼　經理人的天使與魔鬼　經理人的天使與魔鬼　經理人的天使與魔鬼　經理人的天使與魔
經理人的天使與魔鬼　經理人的天使與魔鬼　經理人的天使與魔鬼　經理人的天使與魔鬼　經理人的天使與魔
經理人的天使與魔鬼　經理人的天使與魔鬼　經理人的天使與魔鬼　經理人的天使與魔鬼　經理人的天使與魔
經理人的天使與魔鬼　經理人的天使與魔鬼　經理人的天使與魔鬼　經理人的天使與魔鬼　經理人的天使與魔
經理人的天使與魔鬼　經理人的天使與魔鬼　經理人的天使與魔鬼　經理人的天使與魔鬼　經理人的天使與魔
經理人的天使與魔鬼　經理人的天使與魔鬼　經理人的天使與魔鬼　經理人的天使與魔鬼　經理人的天使與魔
經理人的天使與魔鬼　經理人的天使與魔鬼　經理人的天使與魔鬼　經理人的天使與魔鬼　經理人的天使與魔
經理人的天使與魔鬼　經理人的天使與魔鬼　經理人的天使與魔鬼　經理人的天使與魔鬼　經理人的天使與魔
經理人的天使與魔鬼　經理人的天使與魔鬼　經理人的天使與魔鬼　經理人的天使與魔鬼　經理人的天使與
經理人的天使與魔鬼　經理人的天使與魔鬼　經理人的天使與魔鬼　經理人的天使與魔鬼　經理人的天使與

經理人的天使與魔鬼 的

Manager! an angel or a devil?

給每位即將成功的經理人：當你以為成功的時候，切記，你仍會面對心中的天使與惡魔。

詳盡講述經理人的難題與抉擇

「理論」與「人性」相容的永續經營法

企業生活案例、簡單吸收

看見管理中的人生智慧

經理人的天使與魔鬼　目　錄

前　言

後 記

前　言

　　近幾年，國內外大企業的中高階經理人及經營管理團隊，決策錯誤、執行失敗、罔顧道德倫常的例子屢見不鮮。這些領取高薪的專業經理人，擁有知識、學歷、專業、經歷，但決策與執行力卻是一蹋糊塗，筆者不禁對於探討他們的專業精神、判斷力、能力、品德操守，產生了很大的興趣，進而著作了此書（版稅委由「信實文化」代為捐給「兒童福利聯盟文教基金會」）。我不會用太多長篇「大理論」來講述：「我如何看待經理人該……」，而是用很多你我生活、工作中常見的一些例子，並以客觀的立場來探討，期盼企業經理人要重視「善用自己的智慧」來經營管理企業的力量。

　　德國物理學家斯特恩：「一盎司自己的智慧抵得上一噸別人的智慧。」

　　經理人在職場上發揮專業職能，以實際行動實踐想法與創意，讓企業共同體獲得利益，對社會負責，是件光榮且神聖的事。經理人是企業主之外，少數可以為企業獻策，帶動企業組織團隊提高競爭能力者。如同醫生的天職是救人，不能單純為了營利，應該考慮到更多非利益的責任、精神、價值、道德。賺再多的錢，終究不過是滿足了一些個人慾望，當慾望都達到滿足後，還能剩下什麼？經理人若坐領高薪做「小事」，甚至是「失敗的事」，將於企業的歷史中空留下

罵名、成為罪人。

達文西：「人的美德榮譽比他的財富榮譽不知大多少倍！古今有多少帝王公侯，可是卻沒有在我們記憶中留下一絲痕跡，就因為他們只想用莊園和財富留名後世。豈不見多少人在錢財上一貧如洗，但在美德上卻是富豪呢？」

金錢不能提升人的思想層次，只能提升物質的層次，當世間定義「金錢數＝成功度」，價值觀已經偏差了。成功只是一個階段性的任務，當事情告一段落，我們占盡了絕大多數的領先及優勢稱之「成功」，因此成就一個企業的成功，除了企業主自己本身的經營理念、領導能力、行事風格很重要，經理人也大多是「志同道合之士」。經理人在企業裡手握權力，同時又得與外界競爭的情況下，到底是扮演為企業帶來希望的「天使」？還是會成為拖垮企業的「惡魔」？是目前許多企業在職經理人要自我深省的問題。

一、決策與執行

任何一個企業執行計畫成功與失敗的背後，全然因一個「決策」而起。

兩千多年前的孫子，從戰爭的觀察中提出了類似「決策理論」的看法。《孫子兵法》裡「始計篇」：「夫未戰而廟算勝者（註1），得算多也；未戰而廟算不勝者，得算少也。多算勝、少算不勝，而況無算乎！吾以此觀之，勝負見矣。」大意是：「未開戰時，君臣們在廟堂內做勝負評估、作戰計畫，能有把握戰勝的、打勝仗的機會就多；而沒有把握戰勝的、打勝仗的機會就少。做完評估，已經有多項戰勝條件者，戰勝的機會就大；只有少項條件戰勝者、戰勝的機會就少。若是根本不評估，哪裡還有戰勝的機會呢？我用這些條件推估以後的戰況，勝負就已經知道了。」可見在執行重要的工作計畫之前，「先制定一個好決策」真是個歷久不衰的「真理」。

美國競爭戰略之父麥可‧波特（註2）：「寧願在對的決策上做錯事，也絕不在錯的決策上做對事。」經理人在企業內做決策，考量的

註1：廟算：古代起兵開戰之前，一國之君與臣子們要先在朝廷內，及政府高層機構裡商議計畫，分析種種因素的利害得失來制定作戰方略，此程序的進行古稱「廟算」。

註2：麥可‧波特（Michael Porter）是哈佛大學商學研究院著名教授，當今世界上少數最有影響的管理學家之一。開創了企業競爭戰略理論，並引發了美國甚至世界的競爭力討

原因極其複雜，以現代普遍已經形成的「決策概念」來說：「決策是一項在各種『更好的』取代方案中，考慮到多元因素，選擇做出的正確認知及思想；或是在不確定的條件下，對突發的緊急事件做出完善的應對處理決定。」決策產生、選取的形式，終會演變成「被確定的實際行動、被確定的意見」（確定性決策）。許多事件既無前例、也無規律可遵循，選擇時必將承擔一定的風險，可以說：「某些需要承擔風險的選擇，才是決策」（風險性決策）。決策選取過程結束後，會以：「產生最終決定、選取最終選擇為唯一目標去達成。」反之，決策若錯誤，後果將會不堪設想，相應執行的工作不管對、錯都變得毫無意義。

在企業組織內的決策制定系統中，經理人具有顯著的影響力，「身為企業組織的靈魂人物，只有經營管理者擁有及時、全面的訊息來制定策略；身為具有正式權力的人，只有經營管理者能指揮企業組織為每個『決策』付出實際行動」；這是經理人決策前該有的重要認知，因為「管理」也是決策的延伸。美國著名管理學家赫伯特·西蒙（註 3）：「決策是管理的心臟，管理是由一系列決策組成的，管

論。他先後獲得過大衛·威爾茲經濟學獎、亞當•斯密獎、五次獲得麥肯錫獎，擁有多所大學的名譽博士學位。

註 3：赫伯特·亞歷山大·西蒙（Herbert Alexander Simon），經濟組織決策管理大師。1978年的諾貝爾經濟學獎獲得者。美國心理學家，卡內基梅隆大學知名教授，研究領域涉及認知心理學、電腦科學、公共行政、經濟學、管理學和科學哲學等多個方向。

理就是決策。」以上所述「決策」，是從最基本的角度做出，若要真正科學地理解決策含義，可參考他在《管理行為》中對「決策」的詳細論述。

在企業內部制定決策時，經理人隨著扮演的角色不同，處理各種「訊息」後做出「決策」；再以「決策」為中心，指派、委任專人與團隊負責執行，確實依照相關的路線行事，並妥善分配各種企業資源，以保證「決策」的計劃和工作有效實施。因此，「訊息」是「制定決策」的基本來源，而經理人最常扮演的決策角色有：

（1）企業主角色

當經理人在企業所授予的職權範圍之內，扮演企業組織改革的發起者和創造者。經理人利用全部企業組織資源去適應周圍環境的變化，不停的尋找新的機會。當出現一個「好主意」或「好創意」時，經理人會決定一個開發計畫並監督此計畫的進展，把它委任給特定的部屬去執行，開始一個決策的起步。比如 15 年前統一企業察覺臺灣「手調鮮茶飲料」的市場商機很大，針對此市場開發了「純喫茶」系列商品。這種茶類商品有別於一般「瓶裝茶」，最大特色就是強調「新鮮」，保存期限縮短至兩週，提供消費者在買不到「手搖現調茶」時的另一個選擇，在臺灣一賣就是 15 年。之後，引起不少公司相仿同類商品販售，是個「好主意、好創意」的決策執行案例。

（2）資源分配角色

經理人決策後，負責分配企業資源給內部的組織進行工作。以最重要的資源「時間」為例：經理人依照先後順序賦與內部各個組織工作，時間的分配管理會影響各個組織的利益（獎勵因素），而利益來自於企業的決策制定核心。經理人根據決策，負責設計或改變企業內部組織的架構，依照分工和協調性的關係分配工作相關資源。這個角色裡，決策被執行之前，通常會先徵求企業主或高階經營管理層的批准，以確保執行的組織分工、資源分配與決策是相關聯的。當然，經理人能分配的企業資源很多，不是僅限於「時間」而已。

（3）會議主持人及談判角色

在企業組織內、外會不斷地進行各種重大、非正式的會議與談判，很多時候需要經理人帶頭或參與進行。在針對各個層次進行的管理工作研究顯示，經理人花相當多的時間在會議及談判上。任何關於工作上的重大會議及談判，若有經理人的主持和參與，可以增加「內部組織和外在環境」配合、協調的可靠性，因為經理人擁有足夠的權力，支配各種資源並迅速做出決定。因此，主持會議與談判是經理人必須親自參與的工作之一，也是重要的職責之一。

（4）危機處理角色

經理人被視為改革的發動者，進而成為一個危機處理者。這表示經理人出於被迫的壓力不得不做出「決策」來回應，不再能夠控制

外界對企業形成迫在眉睫的反對聲浪、輿論壓力等負面變化。在危機的處理中，「時機」是非常重要的。危機多是一些突發的緊急事件，難以在平常的訊息中察覺，一旦發生，企業與經理人必須花大量時間及成本來應對。嚴格來說：「沒有任何人能預先看見各種存在於『未來』的突發事件」。因此，在決策前、後，也只能盡力預防及補救。

時下企業董事會為了因應市場的快速變化，給予企業CEO（註4）及經營管理階層的職權越來越大、越來越多，甚至不乏幫企業找來更多人才，只為了更正確有效率地在商場激烈競爭中，做出對企業更有利、即時的決策制定。然而，當決策在被「產生、選取、執行失敗」後，不能只看結果卻忽略原因；企業能不能再僅靠一個CEO（註5），

註4：CEO，執行長（Chief Executive Officer）。美國人在 20 世紀 60 年代進行公司治理結構改革創新時的產物。為因應市場變化多端，決策的速度和執行的力度比以往任何時候都更加重要。傳統舊制的「董事會決策、經理層執行」的管理體制，已經難以滿足決策的需要，而且決策層和執行層之間傳遞的訊息往往易延滯，造成溝通障礙與決策成本增加，嚴重影響經理層對企業重大決策的快速反應和執行能力。解決這一問題的首要之務，就是讓經理人擁有更多自主決策的權力，確實為自己的決策奮鬥、對自己的行為負責，而CEO就是這樣變革延伸的產物。

註5：企業是否需要CEO有待各自商榷。CEO工作定義很廣，他要對企業所有的事情負責，還必須具備董事會成員身分，特別是在公司的創啟階段，CEO更要對公司的成敗負責。舉凡公司運作、市場、戰略、財務、企業文化的創立，人力資源、雇用、解聘及遵守安全法規，銷售、公共關係等，一切都是落到了CEO的肩上。理論上CEO的職責，就是他確實實所做的每件事情，都是別人無法替代的，有些工作亦不能授權給他人，如創立企業文化、組建高層管理團隊、企業總體財務控管等；即便授權他人，最終階段也是由CEO親自完成。現代企業要找出這樣的「強人」真是不容易，而企業主自己具備上述條件而身兼CEO的就很多。

或是被授權的經理人獨斷決策，造成「決策失誤，卻負擔不起企業的損失及責任，白白蒸發掉市值和大量成本？」應該開始思考：「如何仰賴一個優秀的領導管理團隊，集思廣益、一起決策，確實為企業的每項決策做好選擇？」當然，這需要集合更多好的領導人與管理者。

美國著名的領導學權威約翰‧科特（註6）：「管理者是一個問題解決者；領導者則是正確的指出問題，並完成企業使命的實踐者。」企業的問題何其多？僅靠一個CEO或經理人真能通曉細節、全盤思考嗎？於是，「集體領導模式」的做法順勢產生。政治學上，集體領導多出現在社會主義國家，是一種寡頭統治，採類似「委員會制」的政治安排；意即在決策上由一個團隊或機構整體負責（集體決策），不再靠一人決定（個體決策）。這構想雖然來自政治，卻已經開始被少數的企業採用運作，例如台塑集團在總管理處之下設「五人決策小組」，後王永慶時代改為「七人決策小組」；友達光電的「友達管理決策會」都是此一模式；另外像台積電的「雙執行長制」，可能也都

註6：約翰‧科特（John P. Kotter）領導變革之父。舉世聞名的領導力專家，世界頂級企業領導與變革領域最權威的代言人。33 歲時科特成為哈佛商學院的終身教授，他和競爭戰略之父麥可‧波特均是哈佛此項殊榮最年輕的得主。

註7：在解析度高於200萬畫素的照相手機中，是採用「鏡頭驅動器」控制鏡片組前後來回移動的傳動器，用以調整焦距或是倍數放大。隨著相機畫素進階提高，照相模組若採用音圈馬達（Voice Coil Motor；VCM），就能讓使用者在快速移動鏡頭時，大幅減少對焦時間，保持最適當的對焦效果能力。

出自類似這樣的想法。集體領導主要是想在「為企業做出重要的決策前，把決策的衝突跟權衡都找出來」，達到共識「為企業做出最好的決策選擇」，終極目的是：「寧可在對的決策上做錯事，絕不在錯的決策上做對事。」

案例

◎財訊雙週刊 文：朱致宜 2013／4／26

　　2013年宏達電新機出貨延遲，這次出包的供應商是香港公司愛佩儀（APP）。宏達電執行長周永明敢在發表會上挑戰傳統觀念強調「高畫素不等於好相機」，就是因為愛佩儀獨家供應相機光學模組中的音圈馬達「VCM」（註7）。宏達電是愛佩儀第一家手機客戶，如此未經磨合的初體驗，面對百萬訂單果然「卡彈」，成為宏達電延遲出貨的關鍵失誤。這家公司的執行力跟不上決策速度。

　　發表之初，愛佩儀就有量產困難，但宏達電未在第一時間就分散風險採用第二供應商，也在發表會之後才陸續派工程師到愛佩儀深圳工廠協助，據說四月才有數百名人員大量進駐。雖然宏達電不願證實派員協助供應商的確切時間點為何，但麥格里證券不留情地指出，供貨要到五月才能完全恢復正常，「讓消費者等待，等於賠錢。」

二、經理人的ABC

　　經理人自身的人格特質很重要，攸關經理人在企業展現的領導風格及決策能力、執行力的結果。不能先「知己」，怎能「知彼」而百戰百勝？以下是普遍常見的經理人人格特質分析：

（1）經理人的A型人格特質（A Type Behavior），又稱「內控型」

　　內控型是「壓力尋求者」；認為自己可以主宰命運，將組織、團隊的成就歸功於自己的行為，富有企圖心主動去控制、改變周圍的環境。缺乏耐心、好苛求、人際關係較差、責任感重、惶惶不可終日、激進易情緒化，往往表現出和自己或別人過不去。心裡抱持「必須要贏，勝券在握」的想法，行為上充滿了易怒、急躁、反覆無常、不安等取向，是自我要求很高而達到成功的人士。

　　「內控型」的類似相關理論學派，以美國人本主義學家亞伯拉罕·馬斯洛（註 1）為主。在他的「需求層次論」提到：「個人人格獲得充分發展達理想境界，就是自我實現。」自我實現（Self actualization）就是人性本質的終極目的，也是個人潛力得到了充分發展。據馬斯洛估計，人群中能夠自我實現者不過十分之一，原因是

註 1：亞伯拉罕·哈洛德·馬斯洛（Abraham Harold Maslow），美國社會心理學家、比較心理學家、人本主義心理學（Humanistic Psychology）的主要創建者之一，心理學第三勢力的領導人。

個人條件之外,難免受大環境因素的限制。

　　在領導風格及管理方面,偏向「事必躬親」,多數時候呈現「多介入、少關心」,容易讓自己「鞠躬盡瘁、身心疲憊」。一個人的力量總是有限,在太忙、太累、時間太緊、事情太多的狀況下,再好的能力都會受影響。這種「父權管理心態」易導致團隊成員變成「只會隨從,接受命令」的被動者,無法成長、亦無成就感,即使有些部屬能力較好,最後也會因無法發展長才選擇轉業,容易造成企業成員流動率偏高。這種情形大多出現在「重視生產而不重視專業技術」的工作環境,以勞力工作者居多;相反的,若換成「重視專業技術與職能」性質的工作,則會壓抑下屬成長發揮的空間,而且隨著管理層次越高,情況就會越糟糕。試想,若是一個企業裡所有的經理人,都被一個 A 型人格特質的CEO或總經理帶領,那他們的專業職能還有發揮的餘地嗎?還具有與職稱相同的能力嗎?

(2)經理人的 B 型人格特質(B Type Behavior),又稱「外控型」

　　外控型是「壓力恐懼者」;一個人若過份相信命運全由外界的力量所控制,就無法主動果斷決定自己的行為。想法偏向「不求有功,但求無過」的心態,行動上可能缺乏自信、積極、想像力、極少冒險、優閒自得、不拘小節、說話慢條斯理、在乎人際關係。他們的人際關係可能不錯,工作能力卻不一定很強。「外控型」的人格特質會壓抑自己的憤怒和挫折,思想消極、少於肯定自我、對自己要求不

高、企圖心不大、競爭力低，亦可稱為是一種「宿命論」，這類型的傑出人士多因良好的人際關係而成功。

在領導風格及管理方面，偏向讓員工一同參與，多數時候呈現「少介入、多關心」，對於部屬差強人意的工作表現，易顯出一付「世事豈能盡如人意，但求無愧於我心」的態度。然而，部屬因有機會參與一些決策，發表自己的意見、想法，會提高對工作的熱忱並從中得到學習而進步，擁有較大的成長空間。不過，多數仍局限於「不求有功、但求無過」的保守心態上，領導的團隊部屬和諧度偏高，競爭力卻可能偏低。

（3）經理人的 C 型人格特質（C Type Behavior），又稱「中控型」

中控型是「壓力處理者」，想法類似於「不要因任何事情大驚小怪，生活中的每件事物幾乎都是稀鬆平常（含工作），與全人類的大環境相比起來都是微不足道的；逃避不了又不能反抗時，盡自己最大的努力並且隨遇而安吧！」。「中控型」的人格特質，行為可能較淡定、冷靜、幽默、樂觀、正面、積極、平衡，面對壓力能夠尋求調整、適應和學習的方法，在他的下意識裡最重要的是「健康和快樂」。

在領導風格及管理方面，偏向採取「少介入、少關心」，對部屬完全充分授權，給予部屬適當的利益、權力、資源、資訊、支援，並授予其責任。重視培養部屬個人能力及團隊競爭力，隨著部屬及團隊的能力及競爭力不斷提昇，將逐漸減少對部屬的督管，並慢慢增加授

權的範圍,其主因不是要讓自己「閒閒沒事做」,而是要全心全意地「去投入做正確的事」。真正有智慧的經理人視「時間」為關鍵,將自己部分工作充分授權給有能力的部屬做,才有空檔做更多的策略性思考;不斷學習、提昇知識,吸收、分析更準確又有效的資訊。這看起來雖是A、B、C型三種裡面最好的,但還是有個缺點,只怕「所託非人」!

綜合以上所述,A型人格特質(壓力尋求者)面對競爭時,不管付出多大代價都抱持必須要贏的態度,易讓自己處於極大壓力中,除了帶給週邊的人壓力外,還可能導致過勞;B型人格特質(壓力恐懼者)反應較為遲鈍,在競爭狀況處於劣勢時,也不會想要積極的去改變現況,總是逆來順受,競爭力薄弱;C型人格特質(壓力處理者)會避開A、B兩種人格特質面臨困難、壓力時的極端落差,隨著大環境改變調整、找出平衡、保持快樂與健康,終成為自己長期競爭時最大的本錢。

※筆者在本章論述的「經理人人格特質」並非想要表示「哪一種是最好的?」仔細觀察可以發現,他們各自都有不可取代的優點,企業與經理人應該要注意的是:「如何讓三者在企業內部共生共存,發揮最好的互助互補、緊密合作的效果?」

三、高學歷不一定等於好能力

　　學歷只是一張企業的入場門票。空有門票、沒有實力，被判定離場的終會是自己。

　　在臺灣不只大公司會運用專業的企管理論，更多見不得光的「企業」也是。這些「灰色經濟」（註1）的企業規模，絕非朝九晚五的一般人可以想像的，但共同點都是一樣－－「營利」。正式企業營利的目的除了賺錢之外，背後應該還有更重要的企業社會責任（CSR）要衡量（註2）。

　　「經理人比投資人更具備正式身份，參與企業的經營決策；經理人比員工更具有正式權力，執行企業的管理工作。」憑這兩點，經理人就「有義務」要為投資人做到「讓企業維持長久獲利」，為員工做到「使工作團隊處在優勢的競爭環境裡」。王永慶：「不賺錢的公司是不道德的。」這話要當過經理人後才能深刻體會。當大家把希望都

註1：灰色經濟就是我們常說的地下經濟（Underground Economy），泛指在社會經濟中不向政府申報登記，逃避政府法律規定約束的經濟活動。這些活動因逃避政府的監督、管制、稅收、不向政府申報納稅，其經濟產值和企業收入也無法被納入國民生產毛額總值的統計裡。層面相當廣泛，舉凡食、衣、住、行、育、樂、可說是無所不在。是當前全世界的一種普遍現象，亦被稱為是「經濟黑洞」。

註2：企業社會責任（Corporate Social Responsibility），是企業對社會貢獻的表現。企業社會責任並無公認定義，一般泛指企業的營運方式「達到或超越」道德、法律、公眾要求的標準。在企業與相關利益者接觸時，試圖將社會及環境方面的考慮因素融為一體。

交到企業的經理人團隊手中後，不賺錢能怪投資人太信任我們嗎？能怪員工服從經理人卻都做錯了嗎？「市況難測，步步為營」不論是企業的經營或管理，到處都暗藏著經理人看得到、看不到的危機。

　　「一個負責公司經營管理事業的經理人，不斷成功的找出對的方法來經營管理公司，在任何人、事、時間、危機、決策及兼顧道德責任下，做出正確的選擇去執行，並且達到一種最好的成效。」這是我所認定的「好經理人」，看似簡單，實際做好卻很困難。人云：「三百六十五行，行行出狀元。」又說：「隔行如隔山。」從中我們可以知道，絕非唸完EMBA就代表是一個優秀的經理人（註3），畢竟科技產業的經理人跟傳統產業及服務業的經理人，是不能相提並論的。

　　《MBA ≠ 經理人》一書中，作者亨利・明茨伯格（註4）提到美國大通銀行（Chase Manhattan Bank）的一項研究發現：「表現最差

註3：EMBA高層管理人員工商管理碩士（Executive Master of Business Administration）高層管理人員工商管理碩士是由美國芝加哥大學管理學院首創，其本質特徵是一種專為在職工作者規畫的學位制度，它是隨著商界領袖及中層管理人員對補充和更新商務知識，提高經營本領的要求而產生發展的。

註4：亨利・明茨伯格（Henry Mintzberg）加拿大管理學家。在國際管理界他的角色是「叛逆者」。對管理常提出「打破傳統」及「偶像迷信」的獨到見解，是經理人角色學派的主要代表人物。第一本著作《管理工作的性質》曾經遭到15家出版社的拒絕，現在卻已是管理領域的經典。鑽研管理領域30年，出版著作十多本，是管理學界獨樹一幟的大師。他在管理領域所提出的大膽、創新和頗具開拓精神的觀點為人所矚目，思想非常獨特，人們若按常規思路往往不易接受，因此，很多正統學者視之為經營管理上的叛逆人物。

的經理人之中，60％都擁有MBA學位（註5）；而表現最好的經理人之中，有60％卻只有文科學士學位。」麥肯錫顧問公司一項針對企業年資，一、三、七年的員工，所進行的正式研究報告顯示：「這三類員工中，沒有MBA學位的人表現得和有MBA學位的一樣好。」波士頓顧問集團提出報告：「非MBA畢業的員工平均受到的評價較高，甚至超越唸過商學院的同僚。」嚴長壽（註6）：「臺灣人，別再想用學歷換工作了。」松下幸之助（註7）：「學歷就好比商品上的標籤，論才用人要看品質，不要只注重標籤價碼。」美國學者藍道·柯林斯（Randall Collins）在《文憑社會》一書裡提到：「現代教育的文憑成了『文化貨幣』。」高學歷太普遍了，普遍到已經沒有了實際價值，大家甚至開始懷疑：「高學歷不等於好能力。」

最近看了《商周》的一篇專訪，談的是一家飯店副總的打拼史。國中畢業後，他從竹東離家北上去當空調學徒，為了證明「不唸書也

註5：MBA工商管理碩士（Master of Business Administration）正確的說法是「企業管理在職碩士專精班」，目前泛指在職碩士進修教育，在商業界普遍被認為是晉升管理階層的敲門磚。提供相關課程給職場在職人士進修，按照修課模式暨授課內容，大致可以分為四種模式：全職進修、在職進修、高階主管班（EMBA）或遠距教學。

註6：嚴長壽，出生於上海，祖籍浙江杭州，基隆中學畢業，目前為公益平台文化基金會董事長、亞都麗緻大飯店董事長。

註7：松下幸之助，國際牌創辦人。出生於日本和歌山縣，橫跨明治、大正及昭和三世代的日本企業家。松下電器、松下政經塾與PHP研究所的創辦者，是日本的「經營之神」。

有一席之地」給父親看，甘願睡閣樓通鋪、幫老闆洗車、勤學技術，晚上讀工商夜校，從此未再拿過家裡的錢。甚至，有一年除夕，為了籌措學費還自願留下加班。退伍後，他回空調公司上班，老闆鼓勵大家考證照，同伴們都考乙級，他偏偏考甲級；因為，甲級才能當老闆。後來，自己開了一家空調公司，當大廠的小包商；兩年後，累到生病，只好打消老闆夢。時遇「福〇飯店」籌備處找空調師傅，他去應徵，也錄取了，從此於飯店服務30多年。在飯店工作時，他看到飯店需要鍋爐證照人員，就努力考上；飯店辦活動，他主動幫忙做美工。他喜歡裝置藝術、室內裝潢，只要有活動，大家都會找他。早期台北燈會，飯店業都會參加，也都是由他負責設計。在另一家飯店時，每年推出創新活動，從工程、業務、行銷、管理，每個部門都歷練過；最後一路升上副總經理。

　　以上足以說明經理人在各行業能力表現好、壞的主因，不一定是在於個人學歷的高低，應是在於實際工作的知識、領域、經驗、能力、專業、態度的不同；隨著這些的不同，其中變化也相去甚遠。所以，經理人著重在發展自己本職能力的極限（自我實現），應該是比去進修更多的教科書更有意義。

四、成就自己的智慧

　　人的年齡、學習、經驗、行為舉止、思考判斷、說話方式，隨時間累積、成長有絕對的正比。身為一個企業的經理人，幾乎是要全方位的發展，有智慧的經理人就要像達文西＆巴納德一樣，博學、多才、智慧無疆。

　　人類最具智慧的代表人物之一——李奧納多‧達文西（Leonardo di ser Piero da Vinci），義大利文藝復興時期的一個博學者，除了是畫家，還是雕刻家、建築師、音樂家、數學家、工程師、發明家、解剖學家、地質學家、製圖師、植物學家和作家，成就是同一時期的人物中最高者。這使他成為文藝復興時期人文主義的代表人物，也讓他成為文藝復興時期典型的藝術家，更是歷史上最著名的畫家之一。

　　達文西論智慧：「真理是時間之女（智慧來自真理，真理需時間證明）。智慧是經驗之女（智慧來自經驗，經驗需時間經歷）。智慧是經濟之女（智慧來自經濟，經濟需時間累積）。」「人的智慧不用就會枯萎。趁年輕少壯去探求知識吧！它將彌補老年帶來的虧損。智慧是老年精神的養料，所以年輕時應該努力，這樣年老時才不致於空虛。」倘若達文西的「智慧」只能堪稱第二，想也很難找到第一了。

　　管理界最具智慧的代表人物之一——切斯特‧巴納德（Chester Barnard），出生於美國一個貧窮的家庭。1906～1909年期間在哈佛大

學攻讀經濟學，因拿不到一項實驗學科的學分，1909年未完成學位的巴納德離開哈佛大學，進入美國電話電報公司開始了他的職業生涯。他不僅是一位優秀的企業管理者，還是一位出色的鋼琴演奏家和社會活動家。在現代管理學界中，他也是最具遠見卓越的「大師級」人物，對現代管理學的貢獻，如「法約爾」和「泰勒」（註1）對古典管理學的貢獻。巴納德是個罕見的奇才，除了是管理理論家，又是一個成功的商業人士。美國《財富》雜誌曾讚他為：「可能是全美國最適合任何企業管理者職位，又具有『大智慧』的人。」

對於這位西方現代管理理論、社會系統學派的創始人，管理學界一致認為：「他在『組織理論』的探討，至今幾乎無人能超越。」西方管理學界稱他是現代管理理論的奠基人。彼得・杜拉克、哈羅德・孔茨、亨利・明茨伯格、赫曼・西蒙、詹姆斯・馬奇（註2－5），等企業

註1：亨利・法約爾（Henri Fayol），歐洲極為傑出的經營管理思想家。在一個煤礦公司當了30多年的總經理，創辦過一個管理研究中心。弗雷德里克・溫斯洛・泰勒（Frederick Winslow Taylor）求學過程中因視力不佳被迫輟學，在死後被尊稱為「科學管理之父」。影響了流水線生產方式的產生、人類的工業化進程，受到社會主義偉大導師列寧推崇備至。工人稱他的管理如野獸般殘忍，與工會水火不容。後被現代管理學者不斷批判。在管理思想發展史中極為重要，也是最富有爭議的人。

註2：彼得・費迪南・杜拉克（Peter Ferdinand Drucker）。出生於奧地利的作家、管理顧問、大學教授。他專注於寫作有關管理學範疇的文章，「知識工作者」一詞經由他的作品變得廣為人知。

註3：哈羅德・孔茨（Harold Koontz），美國管理學家，管理過程學派的主要代表人物之一。23歲時，成績優異的他被美國西北大學錄取，改讀企業管理碩士學位。27歲獲得耶

管理大師，皆大大受益自巴納德的思想。對任何一個希望將「傳統組織」改造為「現代組織」的經理人來說，他的理論影響深遠。他也是首位將「決策」納入管理核心的人，此理論後來也得到赫曼·西蒙、詹姆斯·馬奇等人的研究及發展，衍生出「決策理論學派」。

經理人若只是聰明，僅能在點跟線之間發揮，做好幾件事；但如果有智慧，就能把點跟點、線跟線之間串連，做好全面的事。引用巴納德於1938年著作的《經理人的職能定義》目錄資料來看有：

第1章　經理人的職能導論
第2章　個體與組織
第3章　合作系統中的物質限制與生物限制
第4章　合作系統中的心理因素與社會因素

魯大學哲學博士學位。曾獲美國「空軍航空大學獎」、「泰羅金鑰匙獎」、「福特·芬雷獎」。

註 4：赫曼·西蒙（Hermann Simon）是德國著名的管理學思想家，「隱形冠軍」之父、是世界極負盛名的管理大師。在波恩和科隆大學攻讀經濟學和企業管理專業，1976年獲波恩大學博士學位。

註 5：詹姆斯·馬奇（James G. March），1953年獲得耶魯大學博士學位，以後在卡內基工藝學院任教。1964年擔任加州大學社會科學院的首任院長，70 年成為佛史丹大學的管理學教授，同時也擔任政治學、社會學、教育學教授，是位「多領域」大師，在組織、決策、領導力等領域都頗有建樹。他被公認為是過去 50 年來，在「組織決策研究」領域最有貢獻的學者之一。

若如管理大師巴納德所論，經理人的職能必須具備那麼多項知識，還要能將其學以致用；那僅有聰明、沒有智慧，應該是不夠的。聰明是天生的，智慧是自我的人生經驗及時間洗鍊，還得一直不斷的學習精進來成就。經理人的智慧就該仿效達文西跟巴納德，知識程度不是止於「專才」，而是要「通才」。

經理人具備「大智慧」成為一個「知識工作者」，是至關重要

的。人們常把企業管理的工作當成是一門「企業管理學」來看待，這是極為嚴重的錯誤觀念，企業的經營管理是在：教育、法律、社會、管理、心理、哲學、會計、統計、行銷、組織行為、財務金融、資訊管理、公共關係...等十多項專業學科基礎上複雜交叉形成，絕對不是種「單一專長」，其中沒有一項是經理人「完全」接觸不到的，只是將它們統稱在「經營」與「管理」這兩個名詞底下罷了。因此，希望成為一個全方位的經理人，必須要「得智慧、做通才」，並涉入多元的領域持續接觸發展。經理人最大的難度與挑戰就是「時間」，學習要時間、研究要時間、累積要時間、成長要時間、進步要時間、休息要時間，循環它一次還是時間，時間無疑是經理人（也是每個人）成就智慧的來源。

五、經理人的時間管理

　　時間不能等於金錢，因為金錢買不回「我們想要的時間」；而人們，也只能為「特定的時間」付得起代價。

　　「公司裡有這麼多事情，一天就是 24 小時哪裡夠用？」的確，經理人有時候一忙起來，真是「連自殺的時間都沒有」。「太忙」只能當做暫時的藉口，「想」要做什麼事，就一定能做！（除了「自殺」以外）

　　我的摩托車昨天撞壞了；晚出發趕上班，路上騎車太快與人發生了擦撞。車子送去修理要兩天才會好，這兩天只好搭計程車上班。車禍後還到警察局作筆錄，不得不為此請了半天假。現在還要跟對方談賠償問題……。再簡單不過的一個倒楣事，時間掌控不好，後面一連串的連鎖效應至要另花金錢跟時間解決。只因「上班太晚出發」，導致必須「用快速來彌補時間的不足」，最後造成了加倍不良的結果。這僅僅是個人的事都如此慘烈，試問經理人在企業內部「時間的管控不夠精準、充足，又會帶來多大層面的災難和損失影響」？

　　彼得・杜拉克：「知識工作者最珍貴稀少的資源就是時間。（註1）」別老是抱怨自己的時間不夠，該問問自己都把時間拿來做什

註 1：知識工作者（Knowedge Worker）是指知識工作者在進行知識創作時，能為其提供輔助與提高效率的各種資訊的科技、軟體與系統。

麼？時間單位對每個人來說都是最公平的，經理人也不能「變出」更多的時間，頂多只能提早做準備，越提早就能做得越周延；不然，何謂「慢工出細活」？這話不是說任何事都慢慢做就是好，而是該在「時間及早掌握跟規劃好」的前提下，把事情慢慢做好，才不會顯得倉促不完整。於是，另一個問題來了：「如何及早掌握時間跟做好規劃？」畢竟執行計劃還要追趕進度是痛苦的。假使，經理人在企業裡不能順利掌握、執行計畫的進度，一直處在超前的優勢，除了給人辦事不力之感，還很快會被競爭對手超越。史蒂夫‧賈伯斯（註2）：「你不能超前太多，又得超前得剛剛好；執行需要時間，所以你等於是在攔住一列移動的火車。」正是如此，經理人的時間管理才顯得格外重要。

　　「經理人如何洞燭先機？如何預先精準的掌握時間來計畫與執行每項工作？」說實話，各行各業經理人的領域，以及職業範疇的標準不一樣，誰都不能很確切的寫出，我也只能在此提出三種「可能辦法」供參考。

註2：史蒂夫‧賈伯斯（Steve Jobs），美國商業鉅子、企業家、行銷家、和發明家，蘋果公司的聯合創始人之一，曾任董事長及執行長職位。也是皮克斯動畫的創辦人，曾任執行長。1980年代初，他看到Xerox PARC的滑鼠驅動圖形用戶介面的商業潛力，並將其應用在Apple Lisa及一年後的麥金塔電腦上。

（1）經驗法則

經驗法則是「提早預先掌握執行」的最簡單方式之一，譬如餐飲服務業經理人，一定知道每年1～12月除了假日，元旦、過年、情人節、母親節、父親節……直到聖誕節都會是公司最忙碌的日子，因此可以提前做好宣傳方式、訂位規劃、人員排班、推薦菜單、食材採買、上菜流程等工作的準備，好順利應對即將忙碌的一天，這就是一種很常被引用的「經驗法則」。可是，經驗法則只能提供「趨勢走向」，並不能「看見未來」。

（2）資訊的掌握與準確度

資訊的掌握當然取決於經理人的經驗，是否能掌握市場導向、資訊更新、同業動向、產業脈動、創新技術、未來趨勢...等訊息，最重要的是能夠判斷情報「準確」與否；情報準確才能做出對的決策，為企業制定好下一步要往哪個方向動。假如訊息掌握錯誤、方向偏差，無論做什麼都是白做，到頭來終究是瞎忙一場。

以王安電腦為例（註 3），王安曾以遠見卓識獲得非凡的成就和榮耀，王安電腦公司最輝煌的時期雇員達3萬餘人，年營業額近 30 億

註 3：王安出生於中國崑山，1936年，以入學考試第一名的成績進入國立交通大學電機系。1948年，獲哈佛大學應用物理博士學位。他在磁芯記憶體領域的發明專利共有 34 項之多。1951年，王安在美國波士頓南區創辦「王安實驗室」。1955年，將其實驗室更名為「王安電腦有限公司。」1978年，王安電腦成為當時世界上最大的文字處理機生產商，並於1980年代達到頂峰。

美元，1986年曾被列為美國第五大富豪，1989年入選「美國發明家殿堂」，與愛迪生等大發明家齊名，還被授與「美國總統自由勳章」。但是，「落後於時代的內部管理機制，對 PC 和電腦網絡發展前景的錯誤預測，最終導致這位科技產業界的巨人和王安電腦公司的悲劇。」結果在1992年宣布破產保護，公司股票價格由全盛時期的 40 幾「美元」跌到 70 幾「美分」。

　　「落後於時代的內部管理機制，對 PC 和電腦網絡發展前景的錯誤預測。」這句話讓人看了感覺很沉重。光是「落後於時代」就已經對企業很傷了，更何況加上「對前景的錯誤預測」？

（3）參考過去績效的高低點和大環境的狀態改變關係

　　跟經驗法則類似，不同的是經驗法則較為主觀，這個方式較為客觀。它完全參考公司過去的績效，而績效來自於消費者的行為，消費者的行為又是受到當時的大環境狀態改變影響，所以績效等於和「過去或未來」的大環境改變有間接關係。

　　好比以前「SARS」來襲，消費者到賣場採買的商品內容也有變化，除了口罩賣到缺貨，個人隨身清潔用品也是翻身大賣，像一款當時才剛上市的酒精濕紙巾就成了搶手貨。強化免疫力的雞精、紅棗、黃耆、枸杞等，買的人也比以往多出數倍。漂白水、洗手乳、個人消毒水等家用清潔用品的需求量，以倍數成長幾乎供不應求。SARS期間也讓民眾減少在小吃攤上用餐的習慣，相對帶動冷藏鮮食的買氣，

近一個月內提高約兩成；個人保健商品也提昇2～3成。以往大家最不會在便利超商購買的日用品，如洗手乳、消毒棉片、乾洗手液、潔膚濕紙巾等商品，頓時也成了大熱門。此外，近年大家很熱門關注的4G網路（註4），不久也將提昇與改變移動通訊世界的品質和商機。這都是一種標準的「經營績效比對大環境狀態改變關係」。

經理人爭取時間做預測分析前，仍要以謹守自我的專業為根基，不要偏離自己的專業太遠，不然就算是「大師」也會錯估情勢。彼得・杜拉克在《下一個社會》中曾預言：「中國在十年內將分裂」，意指2012年前中共該分裂，現在已經2014年了，中國分裂了嗎？政治問題終究不是商業問題，偏離專業的失準預測，連大師都難逃倖免。

註4：4G－第四代行動電話行動通訊標準（英語：Fourth generation of mobile phone mobile communications standards, 縮寫為 4G），指的是第四代移動通訊技術，也是 3G 之後的延伸。從技術標準的角度看，按照國際電信聯盟的定義，靜態傳輸速率達到 1 Gbps，用戶在高速移動狀態下可以達到 100 Mbps，就可以做為 4G 的技術之一。其它詳細定義筆者不再註明。

◎中時電子報　4G商機爆發年　先豐、啟碁受惠

作者：曾萃芝　2014／1／3

　　今年 4G 基礎建設將大舉展開，為兩岸 4G 商機的爆發年。國泰證券金商部說，自中國大陸宣布 4G 釋照後，相關建置活動加速展開，昨日相關概念股強勢表態，先豐（5349）及啟碁（6285）其熱門認購權證好夯。

　　先豐昨盤中一度挑戰漲停價36.85元，收盤收在36.8元，另外啟碁也有0.78%漲幅。昨日先豐放量上攻，成功站上短中長期均線，量能放大到前一交易日 4 倍以上，同時也是上櫃成交量前五大標的之一，昨日留下長紅棒。

　　由於大陸 4G 釋照後，市場建置積極，大陸電信商中國移動目前已在北京 15 個城市展開試驗，預計到今年，中國移動將全在大陸超過300個城市覆蓋TD-LTE網路，台系相關供應鏈廠商可望受惠。

　　而先豐目前產品分布分別為基地台板45%、伺服器板（Sever）45%、Flash和LED封裝用基板 7%及汽車板 3%，而在4G龐大商機下，法人相當看好先豐未來受惠商機。國泰證金商部說，相關權證可參考凱基XY（710424）或是兆豐RB（710450）。

　　啟碁今年主要動能除了車用產品切入日系車載資訊供應鏈之外，最大商機來就是全球LTE用戶數倍增的預期。去年 12 月股價區間整理近一個月，昨日雖成功站上整理區上沿價，但收盤留下長上影線。

六、鑑往知來

任何「新產品、好產品」面臨普及以後，市場熱度終會退燒的。注入新元素，把產品帶向下一個「革命性」的新時代，才有可能持續創造「最大的」新商機。

「讓自己站在高處去看見一些事並不困難；難的是無法說服別人相信我看見的……」2010年 5月我進入〇達電，時遇智慧型手機市場正要大好，公司拼命招兵買馬，在全球展開攻城掠地。當時我說：「公司只會好兩年。」很多人不相信！而我看到的，卻是兩年後的困境……

「智慧型手機」是一個跨時代的新產品，若用「革命性的科技」來形容它，應該不會太過分。以往的小螢幕、小鍵盤、低階畫素照相鏡頭，已經滿足不了人們，人們願意開始花錢換更好、更高級的手機。然而，這個市場的商機，也成為了它未來主要挑戰突破的難題。

假設地球有 50 億人口，扣掉生老病死、落後、貧窮、戰爭國家，就簡略粗估剩 20 億人會買智慧型手機吧，若商品要能普及，市場「需求」就是 20 億支。有能力在市場裡競爭的大牌主流業者，我先假設有五家，再把 20 億支的需求量平均分給它們，一家公司的出貨量就是 4 億支。當任何一家公司出貨量達 4 億支後，市場會開始漸趨飽和，飽和就表示智慧型手機已經普及了。商品普及後，首先算

的是「汰換率」，這不是買魯肉飯，吃完了一餐隔 6 個鐘頭就要吃下一餐；這是高階 3C 商品，要用一年以上才有可能換下一支。（以上相關數據絕對不會是正確的，純為表達個人當時的想法）

　　再談「競爭」的問題；五家公司裡，只要有一家出貨量達 4 億支以上，就是等於吃掉其他四家公司的「基本出貨量」，萬一這期間再殺出幾家公司來分食市場，數字還會往下掉。總結來說：「需求＋汰換率＋競爭」（成長率在這之後），每家公司能不能出貨達 4 億支？都是未定之數。當商品普及後，市場熱度一定退燒，接下來就要觀察各家公司的創新速度。注入新元素，把商品推向下一個「革命性」的新時代者，才有可能創造最大的新商機。可惜的是，當時看不到；只見各家公司不斷把智慧型手機的核心處理速度變快、照相鏡頭畫素提高、觸控螢幕尺寸加大……，但它終究還是「智慧型手機」，真要說有什麼不同，就是「它升級了」！倘若不是「3C控」、「○○粉」，應該不會在有公司推出「新款」智慧型手機後，只因它的規格升級馬上又去買。由此可見，沒有創新商品的市場，商機是一定越來越小的。

　　這期間我又看到有公司去投資了耳機大廠的股權，策略竟是想要：「以品牌拉品牌，讓 1＋1 ＞ 2」，（論品牌，投資「LV」會不會更好？）甚是疑惑怎麼不是去投入其他相關技術的研發？以各家大廠的智慧型手機蓄電量與耗電量來說，都不是太理想，隨身攜帶行

動電源也不是很方便的東西，偶爾甚至還有手機充電變成「自殺炸彈客」爆炸的新聞事件傳出，電池技術問題才是各家公司最該研發改良的吧！請各位想想：「沒有新科技、沒有新功能，就沒有真正的新商機。」大家一直搶食同一個市場到最後，這個市場還能「快樂地」讓各家公司「玩」多久？

接著看看風光十多年的手機大廠NOKIA（註 1），面對蘋果於2007年推出的 iphone（註 2）和其他採用Android的智慧型手機夾擊，加上自身緩慢的創新步伐，全球手機銷量第一的地位，在2011年第二季被蘋果及三星雙雙超越。2011年 2 月，NOKIA放棄經營多年的Simian系統，轉而投入微軟的Windows Phone系統。2013年 9 月初，NOKIA宣布以54.4億歐元（約 72 億美元）將手機業務出售給微軟，只保留網路設備部門與專利。NOKIA「錯估」情勢，未能趕得及跟上這股科技潮流，失去了近 15 年輝煌的手機龍頭地位；反之取代它的是蘋果跟三星。諷刺的是，這兩家公司（蘋果跟三星）在早期NOKIA開始用行動電話橫掃全球市場時，連一支行動電話都沒生產過。

註 1：Nokia Corporation，總部位於芬蘭埃斯波，主要從事生產行動通訊產品的跨國公司。當時以造紙為主，後來從事生產膠鞋、輪胎、電纜等，最後逐步發展成為一家手機製造商。Nokia曾經於2000年巔峰時期市值近2500億美元，僅次於麥當勞及可口可樂，1996年起，Nokia連續 14 年占據行動電話市場占有率第一。

註 2：第一代 iPhone於2007年 1 月 9 日由當時蘋果公司CEO的史蒂夫‧賈伯斯發布。

從過去行動電話進化史來看：單頻→雙頻→三頻→網路，黑白→彩色→相機→智慧型；均是從創新走到普及（以史為鏡可知興替）。印證了筆者以上的推論很簡單，結果也很接近。用「仔細的觀察」，參考「累積的經驗」，就能順勢地做出「正確的判斷」。如果企業經理人眼光夠長遠，多花點時間看看過去、設想未來，不是只埋首忙碌於眼前的景象，預先計畫公司下一個兩年、三年，早點提出更有效的「實際行動」去研發、創新，理當就是享受「甜美的果實」。但是很多企業經理人不要說兩、三年，連半年、一年都沒看到。話說「一年」會很遠嗎？

案 例

◎動能不再！三星、宏達電財報遜預期 高階智慧機市場趨飽和

節摘 鉅亨網 綜合外電 劉季清 2013／07／08

全球智慧型手機龍頭三星以及宏達電公佈第 2 季度財報，結果不如預期，令外界失望。

《CNN Money》報導，這二大手機廠商財報傳警訊，代表目前高階智慧型手機市場已經漸趨飽和，且令投資者憂心的智慧型手機大廠已經開始擴散，不只限於蘋果（AAPL-us）一家。

案例

◎坦承製程缺陷 蘋果：部份 iPhone 5S電池續航力有問題 將提供新機替換

節摘 鉅亨網 綜合報導 作者：鄭杰 2013／10／30

《CNET》報導，蘋果向《紐約時報》坦承，他們已經發現製程問題導致非常小一部分手機，充電時間較長，或是電池壽命減短，他們已經聯絡受到影響的客戶回收手機，並且將提供一台新機。

但至於受到影響手機數量有多少，以及電池會多快耗盡，目前則還不明。不過《紐約時報》報導指稱，蘋果發言暗示受影響的手機多達數千台。

（筆者註：從2007年發表一代開始到2013年五代上市，類似的問題還該發生嗎？）

案 例

◎「驕傲又遲鈍」黑莓 47 億美元賣了 2013／9／25

節摘 聯合報 編譯張佑生 綜合報導

蘋果的 iPhone 4 手機上市後三天內賣出一百七十萬支，當時的執行長賈伯斯讚為「蘋果公司史上最成功的產品上市」。同一時間，黑莓機每五天就賣出一百七十萬支。

蘋果最新系列手機廿日上市，三天內賣出九百萬支。銷售量暴跌的黑莓機，得花卅一周才能賣出相同數量的手機。

從五天到卅一周，黑莓機在智慧型手機戰場顯然大勢已去。廿三日，黑莓機製造商宣布接受大股東「楓信」金融控股公司以四十七億美元(約台幣一千三百九十億元)收購下市的提議。三周前，諾基亞同意以七十二億美元將手機部門賣給微軟。在蘋果 iPhone 六年前問世前，在全球手機市場稱孤道寡的諾基亞和黑莓雙雄，幾經掙扎，終於下台一鞠躬。

二〇〇八年六月，黑莓機市值站上八百四十五億美元的歷史天價。那一年，歐巴馬首度當選美國總統，曾為了能否帶黑莓機進白宮，與國安單位有過一番「角力」。如今，黑莓機接受的收購價，只有最高市值的百分之五點五。

市場研究機構指出，黑莓公司的最大問題在於太過自滿，無法與時俱進。二〇〇七年，蘋果 iPhone問世，搭載谷歌Android作業系統的三星手機也在同年大推新品。

　　iPhone問世三年後，黑莓公司發表作業系統，後來又花了三年才跨入全觸控市場，前前後後就差了六年，時不我予。市場研究機構「端點」公司分析師凱伊指出：「當黑莓公司走向觸控螢幕時，為時已晚。在智慧裝置產業中，如果錯過幾個產品周期，就只能為別人舉杯慶祝了。」

七、商品多元化，才能開啟市場的大門

　　智慧型手機的市場是塊大餅嗎？單在移動通訊的世界裡，它可能是。但就人類整體的經濟市場來看，它只是一片「方塊酥」而已。

　　30 年前一間電器行若是只賣電視機、電冰箱、冷氣機、洗衣機，對消費者而言已經很足夠了。30 年後的今天進到 3C 電器行裡，賣的東西已經不只僅限於這幾種了，人類的經濟市場需求和進步改變了企業的經營模式。過去要買電腦去電腦行，買電視去電器行，買行動電話去通訊行的觀念已經被打破，現在想買任何跟「電」有關的民生物品，只要去趟「大賣場」或「網路」就好了。

　　製造、提供多元豐富的產品是提高企業營收的主要管道之一，未來企業與經理人不能再只想著：「要怎麼樣把公司產品做到吸引消費者？」是該想：「怎麼樣做出更多的產品來吸引『廣大的』消費者？」這想法跟製造智慧型手機和筆記型電腦的公司，同時兼做平板電腦有異曲同工之妙，都是把自家產品做一個相關延伸，增加消費族群。儘管如此，這做法對提高企業營收、增加市場競爭力還是有限，因為這類產品的相似度太高，如此只是擠了市場的「窄門」，若要擠進「大門」還是要做更多「技術相近但功能不相同的產品」才有可能。

　　韓國三星近年除了在智慧型手機市場與各家企業較勁外，還致力於發展智慧型電視（註 1）。蘋果公司（Apple）於2013年 11 月

宣布「暫時擱置」開發智慧型電視的計畫，轉而集中研發全新「穿戴式電子裝置」產品（企業策略和定位），例如備受各界期待的「iWatch」。以上相關的電子產品，未來不僅可以同時擁有類似電腦與行動電話的功能，還會為人類的家庭及日常行動生活，帶來更大的進化與改變空間。

三星和日本松下兩大國際電子產品公司，至今仍在製造、生產的產品種類達百種之多，從最熱門的智慧型手機到省電燈泡都有。產品的種類數定見企業的競爭力。當聽到有企業領導人說：「我們要打敗〇〇公司，成為業界第一。」馬上去「Google」一下兩家公司的企業網站就可高下立判。「只賣一種商品卻想打敗賣五十種商品的對手是很困難的」，除非這一種商品能代替五十種商品的功能，或者這單一項商品的「定位」做得很好，讓消費者感覺：「我沒有買這項商品，去選擇其他相似商品就等於『毫無價值』」。不然，企業若總是只有單一商品可供消費者選擇，基本上長久競爭的能力已經被限縮了。

註1：智慧型電視可加入網際網路與 Web 2. 0功能的電視機，或數位視訊轉換盒（Set-up Box）。智慧電視可以執行完整的作業系統，或是行動作業系統，並提供一個軟體平台，可以供應用軟體開發者，開發他們自己的軟體，在智慧電視之上運行。它能將電腦、智慧型手機、平板電腦的功能整合進電視。

八、開發屬於自己的市場

如何在市場增加競爭力？取得領先？擊敗對手？不如先來討論：「如何創造、開發出一個完全屬於自己的市場？」

「如何創造、開發出一個市場？」謎之音：「自己創造、開發市場？那個沒人投入的市場能創造跟開發，還輪得到我們去做嗎？」不是輪不到，只是還沒有人看到。說到開發市場，忍不住想提起－－「火鶴飯店」。

1946年12月26日由芝加哥黑手黨出身的畢斯·西格爾（Bugsy Siegel）和他的合夥人邁爾·蘭斯基（Meyer Lansky）創立，初期只有105間客房，卻是拉斯維加斯第一所高級飯店。興建成本高達 6 百萬美元，標榜為全球最豪華的飯店。當時，人們都相信畢斯已經瘋狂了，因為他竟然想到在沙漠中心開設一間豪華飯店。飯店名稱是來自畢斯的女友維吉尼亞•希爾（Virginia Hill）的暱稱，維吉尼亞喜歡在美國和墨西哥兩地賭博，墨西哥的莊家們就因她的舞姿和一頭紅髮，給她起了「火鶴」這個稱號。飯店興建的費用多是來自黑手黨黑幫資金，整個工程都是由畢斯親自策劃和監察。但很快地，畢斯從建築經費裡私動資金的事曝光了，最終遭到黑手黨內部下令制裁於自家身亡。隨著他的死亡，賭場管理權亦繼而易手。1947-3-1飯店易名為「傳說的火鶴」（The Fabulous Flamingo）。

當時火鶴飯店以華麗的表演和裝飾著名，它的舒適客房、美麗花園和令人驚嘆的游泳池等都是舉世聞名的。火鶴飯店最初主張讓客人有一個「完整的旅遊經歷」多於純粹為賭博而來。開幕時，所有職員上至管理階層下至荷官全都穿著禮服迎賓。（資料來源：電影《豪情四海》、維基百科網站。）

　　真如人們說的一樣：「相信畢斯已經瘋狂了，他竟然想到在沙漠中心開設一間豪華飯店」嗎？現在的拉斯維加斯，手上就算有「超級多的錢」也不一定能在那裡打造一間觀光飯店。

　　一個賣漢堡炸雞的連鎖速食業，每次開新分店前都花大筆金錢請來顧問公司，做問卷、人口成長、都市計劃方向、人潮流量、人口密度、交通、所得水準、地域性質、競爭店家……等因素做分析報告，以使在最有利的條件下達到展店的目的。經過種種評估後，都是可以順利地拓展新店，來提高品牌市占率及企業營收的目的。

　　這個業者後來發現，在展店過程中，附近地段總有家專賣便當的連鎖店，如影隨行的跟著他們展店。儘管兩家店賣的產品相差甚遠，但相較於其他種種客觀因素，還是讓這家便當連鎖店嚐到了甜頭，瓜分了他們的消費市場及客源。這讓連鎖速食業者很不是滋味，認為「憑什麼我花大錢做評估，你無條件的分享我的成果。」於是連鎖速食業者在日後展店的分析評估中，把其中兩條評估項目改列為他們展店的首選條件，一是「品牌喜愛度」，再來是「速食人口消費

族群」。賣便當的連鎖店後來吃到了悶虧，以前總是你開在哪、我跟到哪就有錢賺，現在怎麼突然不靈了呢？當然不靈了！當別人已不再是以客觀條件為主，是以自己主觀條件為先時，賣的東西不一樣，要怎麼在人家的市場裡分享資源？這就是市場經營上的「主場優勢」。若只是盲目跟進對別人有利的市場，卻想打贏屬於自己的戰爭，不是徒增困難嗎？

一個大家很熟悉的故事；有家製鞋公司老闆派甲、乙二位業務員到非洲勘察市場，甲業務員看到那邊的人都不穿鞋子，悲觀的回報老闆：「我們完全沒有商機，這裡的人都不穿鞋子，毫無市場可言。」乙業務員樂觀的回報老闆：「這裡的人都沒穿鞋子，我們一定要趕快過來非洲賣鞋子，趕在別家公司進駐前搶得先機，這個市場簡直大得不可限量！」現實世界裡，確有其事……

80 年代中國大陸經濟改革起步之初，民眾生活水準品質普遍較低，有個「乙業務員」、樂觀看待中國大陸未來幾十年可發展的商機，前進中國大陸開始準備做布局發展。這家公司就是－NIKE。

NIKE於1980年率先進到中國大陸，在北京設立了第一個NIKE生產聯絡代表處。之後NIKE秉持「Local for Local」（在哪裡、為哪裡）的策略理念。不僅將先進製鞋技術引入中國，同時還全心致力於培養當地的人才、生產技術。貫徹「取之本地、用之本地」，在中國取得了快速發展，為自己往後 30 年的中國大陸市場，預先奠定了市

占率最大的運動品牌龍頭地位。

1996年（民國 85 年），NIKE正式在中國成立了全資子公司「NIKE（蘇州）體育用品有限公司」（註 1），當時中國大陸全國城鎮平均每人月收入約 403元人民幣（相當於那時1700多元台幣），NIKE在中國大陸一雙球鞋市場定價是200元到300元人民幣之間（相當於800~1200元台幣）。想想民國 85 年的臺灣，800~1200元台幣的NIKE球鞋哪裡買得到？但在對岸，「腳上想穿打勾的」，卻要花掉半個月甚至以上的薪水。

從2001年後，NIKE公司不僅開始支持中國足球事業的發展，還關注青少年的體育發展，推出了「我夢想」大型青少年體育系列活動、首創中國「3 對 3 籃球賽」、「NIKE高中男子籃球聯賽」、「NIKE青少年足球超級盃賽」、「4 對 4 青少年足球公開賽」等多項球類運動活動。時至2011年，NIKE累積近 10 年主動與前衛的品牌行銷策略，讓它在全中國的業績達 20 億美元。即使面對幾乎同一時期進入中國市場的愛迪達（adidas）強勢挑戰，NIKE至今在中國大陸市場業績雖然下滑，但仍穩穩保住中國市場運動品牌不墜的地位，市占率的領先優勢。

註 1：全資子公司。指的是完全由唯一一家母公司所擁有或控制的子公司。母公司可以通過兩種方式來設立全資子公司：第一種是從頭開始成立一家新公司並修建全新的生產設備（例如工廠、辦公室和機器設備等），第二種是收購一家現有的公司並將其所有設備、部分人員納為己用。

同樣於1980年開始關注中國體育用品市場的愛迪達，在中國內設立品牌推廣機構，歷經數十年的市場推進過程，表現卻顯得相當保守，市占率上始終不盡理想。究其根源，主要是愛迪達在中國的二十年發展心態上，長期保持一種「觀望與探索」的態度，對NIKE不斷主動出擊的行銷策略之中，愛迪達始終採取防守姿態，終降低了愛迪達在中國市場的反應能力及品牌互動溝通能力，不能更深入中國的市場與NIKE競爭。

　　愛迪達進入中國初期，品牌定位與行銷策略，在中國市場的長遠規劃及發展中並沒有與其發生衝突，只是不像NIKE般主動積極快速地掌握市場主導權，無法先發制人把市占率迅速提昇及營業績效做到高額成長。而中國市場的快速發展及成長之驚人，的確較適合NIKE這樣善於「主動製造生意機會」的「市場挑戰者」。綜觀以上NIKE與愛迪達的例子，都是企業與經理人該思考：「如何開發屬於自己的市場」的一個最佳引證。

九、一碗魯肉飯跟一支智慧型手機的啟示

　　當企業與經理人做了錯誤的決策和工作後，若不能夠及時補救或逆轉危機，對自身造成的影響都是劇烈且危險的！

　　2012年臺灣某知名連鎖魯肉飯，因為漲價沸沸揚揚的鬧上了新聞版面。大碗魯肉飯從 64 元漲到 68 元，說多不多，只有 4 元，連一顆茶葉蛋都買不到的價錢，硬是讓這家知名魯肉飯連鎖店，業績在漲價期間掉了幾成，還引來大批媒體和消費者的反彈聲浪，逼得董事長出面道歉，商品調降回原價。雖然如此，漲價時失去的業績也「回不去了」！從這件事情上，我們來談談這其中到底有什麼問題？

（1）對消費市場的錯誤評估和敏銳度不夠

　　魯肉飯是平民小吃，無論業者再如何行銷跟包裝，在臺灣它終究是魯肉飯，不會變成一碗「超級魯肉飯」。以消費者的立場可能會設想：「我寧願多拿出 2 塊錢去買一個 70 元便當，也不願吃一碗漲了 4 塊錢的魯肉飯。」這就是消費者心理。業者調漲了 4 元，但其後付出的其他成本，與之相比，代價還真是人啊。

（2）危機處理能力不足

　　調回原價只是把「原本不該做的事，當作沒做過」，不能說是「做對了事」。回過頭想想，漲了 4 塊錢近一個月的期間，雖然流失了很多客人，別忘了還是有支持的消費者，願意買一碗 68 塊錢的魯

肉飯。調回原價只是為了和緩反彈的聲浪，並沒有對原有的支持客群做到「回饋及補償」。縱然部分消費者及媒體的評價都不是很正面，但業者確實大大增加了知名度及曝光率（危機與轉機的分界點）。漲價被批評後，大家追逐的焦點一定是「何時會調降價格？」基於筆者之前所述的情況，此時若我為該企業經理人，不但建議該調降，還要建議「降到 60 塊，為期兩個月」。選擇這麼做的理論很簡單。漲價期間還是有消費者願意買「68 塊錢的魯肉飯」，對於這些支持的客人「68 元降到 60 元足足便宜 8 塊錢」，是我做了「變相性質的補償及回饋」；對於其他有反對聲浪的客人，就當做是「漲價期間的廣告行銷費用」（危機→轉機）。至於為期兩個月，是必須自省承認：「彌補做錯的事，比一次就做對事來得更花時間跟成本」。

　　一個簡單的比較，從漲價到調回原價或到減價，試問哪種做法會換來比較多的掌聲？這是彼得‧杜拉克說的：「順利擔當社會衝擊及企業責任。」社會反對聲浪是種衝擊，漲了不該漲的商品，決策者當然要為企業及時負起責任。雖然業者後來推出了其他優惠方案（如：魯肉飯 + 燙青菜 + 湯的 88 元套餐、55 元外帶便當等），但在這事件處理上，還是忽略了第一個焦點：「那碗在店內用的 68 塊錢魯肉飯」。大家爭議的目光始終放在「64 變成 68 塊錢的魯肉飯」，不是在意「便宜了多少錢的套餐及便當」，媒體當下也只會報導你調降的主題：「魯肉飯」，不會特別主動幫你報導別的套餐及便當的優惠廣

告。所以「面對危機處理別失了焦點，那等同於再度失了先機。」

2012年 5 月臺灣手機大廠「機皇O○E-X系列」手機風光上市，結果卻爆出了陸續當機、螢幕雜訊及黃斑等問題。經《○週刊》報導，董事長緊急滅火且下令，只要有問題，就免費換新機！

這事件令筆者心有戚戚焉，礙於筆者正在該公司從業，基於「保密協定」職務就不便說明了。那年正是公司業績高漲的一年，產品訂單應接不暇，研發部門工程師跟生產部門員工更是每天「想破腦袋、做到手軟」。大量的訂單加上還得不停研發新產品跟同業競爭，「唉！多麼忙碌又有前景的一家公司呀！」但誰都沒想到，這個被封為「機皇」的產品，卻導致該企業從此走向「機慌」的路。

當時公司內每天除了有排定量產的工單，再來就是研發試產的工單。光是產品的開發及製造，流程就分前端研發與後端專案管理，每個工程師身上至少揹著兩個以上的案了，研發要追問題，還要解決生產線反映的NG。工程師產線、研發兩頭跑，公司給的時間又壓縮得很急迫，造成太多的「NG」工程師沒能及時發現解決，以致問題產品流入市場販售，造成「叫座不叫好」的窘境！（以上事件媒體新聞有報導過，再次提出已經不算洩密。）

此一事件，對日後的公司產品品質、企業口碑形象與評價，無疑是一大重創。大家都在問：「這間手機大廠品管到底怎麼了？為何犯下如此致命的錯誤？」消費者也開始對這家公司產品品質技術放大質

疑。到了這裡，又跟「魯肉飯事件」有兩個共同點：

（1）眼光只有放在當下，卻沒有設想到未來。

經理人不管做出或建議何種計畫與決策，預先都要設想：「一旦錯誤了，彌補做錯的事，遠比一次做對事來得更花時間及成本」。最壞的情形還可能是——「再也無法挽回與補救」。

（2）都是由董事長出面滅火及道歉。

經理人是對總經理負責，總經理要對董事長跟投資人負責，而企業也要負起對社會的責任。這是很常見的一種企業責任分層制度。當經理人總是做了錯誤的決策、間接引起消費者反彈後，能讓董事長或總經理為這些錯誤出來道歉幾次呢？

十、經理人的基本條件

經歷完整的專業經理人，必須具有一定的專業知識背景，同時備有相當水準以上的敏銳度、能力，除此之外，還要有良善的人格品行。

經理人之所以夠資格稱為經理人，應該要必備下列 11 點：

1. 具備專業的知識，領導所屬部門。

以前筆者在儲訓企業幹部職務時，有位副總對我說：「假如我要讓你做不下去，明天就安排你當經理，當你發現自己不適任這個位置就會自動離職。」他這麼說不是討厭我，只是教導我要注意「職務與能力平衡的重要性」。

我們常常看到公司有人事經理、製造經理、行銷經理等職務，那是因為這些部門，必須要有一定資歷和相關專業的經理人，負責執行、策劃、發展、督導、驗收、提昇部門的專業工作。我想，應該沒有任何一個公司會把人事經理放在製造部門，再把製造經理放在行銷部門吧！賴利·包熙迪（Larry Bossidy）和瑞姆·夏藍（Ram Charan）在《執行力》一書提到：「執行力的三個『核心流程』－－人員流程、策略流程、營運流程。『人員流程』是三個流程裡面最重要的，企業要有競爭力，最重要的『事』：先要有對的人。」

2. 掌握工作相關事務的熟悉度、敏銳度、執行力，要高於企業內部任何人。

公司有位經理，對自己的相關業務只有五～八分熟，想任誰都受不了！所謂經理人，是經歷完整的部門主管或經營管理者，需具備一定的專業知識，對於專業領域具有相當程度以上的歷練及敏銳度，發現問題 A 就可以想到 B、C、D……企業內部有很多不同專業的經理人，各自執掌自己學有專精及熟悉的相關業務。既然如此，掌握相關事務的熟悉度和敏銳度與執行力，理當都是最好的。

3. 儘一切可能做對的決策

綜觀以上 1、2 兩點，已知「經理人要做對工作及判斷，應該不是很困難的事」。若自認專業卻一直做錯誤判斷和工作，就有如「一個廚師把冷凍肉泡入熱水中解凍」般的愚昧。這就不難明白了，如果專業廚師做出這種行為，而影響到菜色品質、口感，餐廳老闆卻要為此彎腰向客人道歉，是多麼可笑的事！近幾年，許多大企業都敗在「專業經理人」的手裡，他們總是做錯決策。「一個錯誤的決策，足以把企業帶到災難的萬丈深淵」。他們不是不專業，而是壞在他們太專業，專業到只相信「自己永遠是對的！」不夠虛心、沒有學習、沒有更新。

4. 專業知識更新與跨專業學習要更多

經理人的專業知識、能力可以被挑戰、被考驗，但不容許被擊

敗，在他的工作領域裡，「專業」就是一切。沒有人是當上了經理人，才開始學習當個經理人的！這道理跟沒有人是先拿到博士學位，才開始攻讀博士課程是一樣的。經理人需時時更新相關專業資訊，許多創意跟先機就是藏在新資訊之中。此外，跨專業的學習也是種自我提升的方式，或許不一定在工作領域派上用場，卻可能從中獲得啟發與靈感，亦能達到「自我實現」的目標。人的一生若順遂、壽命可平均達 75 年以上，卻只有約 1/5 的時間是在學校學習（國小到大學），由此觀之，人一生自我學習的提升，比學校給的教育來得重要多了。

5. 要對自己的專業領域有創新的能力

「先機與Good idea是創造出來的」，不是看著別人去模仿！臺灣人很習慣：「別人做什麼好，我就跟著做。」經理人切忌有樣學樣地做，變成大家都是「做一樣的事」，不斷開發、創造自我專業領域的新想法、新模式，才能為企業提升長遠競爭力。以智慧型手機為例，各廠都喜歡在螢幕大小上比較，5 吋、5.5 吋、6 吋、做到 6.5 吋時都快跟平板一樣大了，手機還會是「手機」嗎？行動電話越做越大，已經失去它某些原有的意義（輕巧、方便）。況且，光把螢幕一直變大，也談不上是「創新」吧！

6. 有良善的人品、領導能力及風格

人當然沒有十全十美的，我們只能希望經理人儘可能品性良正。2013年有個企業醜聞，一個科技大廠員工花了 11 年做到了副

總，不但勾結「離職員工」開設的公司，對自己任職的公司浮報勾銷巨額假帳，還將自己掌管的部門機密，透漏給中國大陸的公司成了「內鬼」。或許是該企業太倚重他，導致權力過度膨脹，被抓後還大言不慚的說：「公司沒有我會倒！」說穿了，股價跌一陣子是有可能，除非一直賠錢，企業是不會說倒就倒的。

　　這案子能讓經理人引以為鑑，不管在公司任職多久，最好都當自己是新員工，心態才能平衡，不被權力、欲望所腐化。愛才的企業應該也不會以經理人的「小惡為大惡，大善謂真善」。曹操雖說過：「不忠、不孝、不仁、不義者，唯才適用。」但今日並非適逢「亂世」，人的價值觀易被扭曲，這說法並不鼓勵。何況經理人不是政治人物，經理人還要負起企業內部傳承的重大責任，也會長久領導企業員工。「上樑不正下樑歪」；領導人品行良正，組織結構才能向下「扎好根」、優化企業內部的水準，為企業整體建立形象，吸引更多人才。

7. 尊重、提升企業文化和企業倫理

　　企業文化是在經營實踐過程中逐步形成的，為全體員工所認同並遵守；帶有企業組織特點的使命、願景、宗旨、精神和價值觀。這些理念在經營實踐、管理制度、員工行為方式、企業對外的形象，呈現出企業整體的總和顯象。不管經理人能力多強、權力多大，面對企業文化及企業倫理應該要抱持謙卑的態度。一個企業裡失了文化與倫

理，就如同失去核心價值，成員會變得急功近利，公司發展一定不能長遠。企業文化也是許多企業其來有自的一種產物，或許不能每每認同，但應該選擇保持「尊重」。當然，如果這個企業文化很糟糕、不重視倫裡，經理人就要責無旁貸的負起責任，進行「改革」的工作。

案 例

◎沒天良！2 經理人代操坑殺勞退基金38億 檢起訴斥：貪婪

節摘 華視新聞社會中心 台北報導 2013／10／17

攸關全國勞工權益的勞退基金，前投資長日盛投信專戶部陳平與前寶來投信協理瞿乃正，涉嫌藉由代操政府勞退基金機會，利用人頭「買低賣高」基金投資的股票，並涉嫌內線交易等手法獲利7205萬，卻導致基金慘賠7億多元，投資人慘賠 30 億餘元，共損失 38 億元。特偵組依背信和內線交易起訴 2 人，並痛批 2 人「貪婪。」

---

8. 計劃掌握，運籌帷握

人說：「計劃永遠趕不上變化。」但是：「一個好的計劃永遠能千變萬化」。計畫時，別天馬行空，要務實。若計劃只能因應一種突發狀況，設想是不周全的，一般人的計畫可以應對兩三種突發狀況，做到「一舉兩得」就算週到了，經理人則不能以此為足。

經理人在計畫時，建議最好帶進一些「被害妄想症」的思維，假想各種可能會遇到的難題，以便計畫執行後順利有效率的進行。「經理人沒有太多樂觀的權利」，倒也不是說經理人天生悲觀最適合，只是「商場風雲、變化多端」，任何計畫應更具遠見、周延與「一舉數得」之效。一如嚴長壽的名言：「抱最大的希望，為最多的努力，做最壞的打算。」

9. 偶爾要事必躬親

一個完善盡責的經理人，儘管公事繁忙，偶爾仍要事必躬親，，才能時時了解部屬執行的實際情況，並在部屬發生問題前，找出問題、解決問題，盡量避免在執行後還得補救。藉由親身參與，經理人可給予部屬更多的經驗傳承與指導關心，並了解計畫實際執行的真實狀況。況且，工作交辦了，總得時不時的驗收吧！

10. 不一定要高 IQ，一定要高EQ、抗壓力強

不管對上、對下、對同儕、對客戶，高EQ可以幫助自己建立良好的人際關係，抗壓力強可以讓自己面對困境不挫折慌亂。俗話說：「政通人和。」行政要通，人事一定要「和」，而好的EQ跟抗壓力可以讓經理人在這方面無往不利。沒人願意跟情緒管理差的人共事，因為情緒管理不好，不但解決不了困難，也無助於人際關係，對於經理人自身的形象跟評價更是一種大扣分。試想「誰不喜歡跟幽默風趣的人朝夕相處？誰又願意跟愁眉深鎖的人片刻相對？」

我親身經歷過一個事件；某天下午部門辦公室來了一位其他單位的幹部，一進來就對著我們大吼。接下來的近 20 秒，除了看他失控「暴走」，幾乎沒有人知道他來的目的是什麼？大聲吼完一堆聽不懂的話後就快閃走人。一位主任準備追上去找他理論，經理及時跟這位欲追出去的主任說：「你要幹麼？」主任回答：「我要去跟他理論！」這位經理接下來的話有趣了，他用國、台語夾雜說：「伊頭殼歹去，哩嘛係喔（他頭腦有問題，你也是嗎）？他這樣，同情他都來不及了，你還要跟他吵！」聽完這位經理的話後，辦公室發出一陣訕笑……

　　的確，爭吵是無助於解決任何事的，心平氣和才能坐下來清楚明白的討論。身為經理人，在處理工作紛爭和意見不一致時，應是希望大家敬重專業，並非職務上的頭銜及權力。任何我們無意發出的脾氣，都有可能被別人解讀成是職稱作祟的「人頭症」！

　　抗壓力不夠強則容易造成情緒不良、心情沮喪，讓工作呈現遲緩狀態、提不起勁和毫無頭緒，部屬也可能跟著受到影響；這些無疑都不是一種好現象。抗壓力應該是來自一種「豁達」的態度，面對已經發生的「不幸」要能處之泰然。遇到任何負面問題，應該是如何「面對它？思考它？解決它？」不是只想著：「它會帶來多少損害？」看看窗外的世界，它並沒有為眼下這個錯誤而產生太大的不

同，何必緊盯著一個錯誤，卻忘了放眼看看世界有多大？盯著眼前發生的錯誤是於事無補的，困境會隨著時間慢慢過去，不妨想想未來如何會更好。

11. 凝聚團隊力量

人都是與眾不同的，企業員工來自社會的四面八方，每個人都有不同的成長背景，受到父母家庭教育、求學過程、生長環境、興趣嗜好、社會經歷不同的影響，造成每個人都有自己的獨特性。當這些人應聘進到企業，需融入團隊和同儕們一起發揮專長、所學，經理人的責任跟權力，則是避免每個人的「不同」造成摩擦，讓大家在共事過程中凝聚力量，發揮團隊合作的最大效益。如果經理人遲遲無法整合手下員工，面對個性與想法格格不入的每個人，只能束手無策的放任，或抱持著「員工再找就好了！」的想法，那企業要浪費多少時間花在找人呢？「凝聚團隊力量、發揮團隊最大實力」不僅攸關經理人的領導能力，也是經理人的重要職責。

以上11點，是筆者認為經理人必備的基本條件，雖不一定是十全十美，但也該有個 80 分了。

十一、因文化差異而影響的經營管理模式

　　許多企業的管理模式會選擇偏向美式或日式，美式較自由、日式較嚴謹小心。然而，身為專業經理人，要找出適合自己企業的經營管理模式。

　　「不管是經營與管理（或創意），單是複製都是不太好的，最重要的是要考慮適不適合企業本身？」臺灣社會經歷日據時代與戰後美援，對於美、日兩國的人、事、物接受度既高又廣，隨處可見與美、日相關的企業與商家，食衣住行比比皆是。許多企業的管理模式也選擇偏向美式或日式，一般而言，美式比較FREE（自由）、日式較為嚴謹小心。不過我覺得，經理人應該找出適合自己企業的經營管理模式，不要刻意複製別人的模式，把經營管理更恰當地融入企業文化中。

　　我們常說：「美國人只有200多年歷史，卻是世界上最強盛的大國！」從美國人的社會文化到企業經營管理模式，不難窺見原因所在；在美國，常見子女直呼父母親姓名，因為他們強調「民主」，事實上，他們對於企業中職務的分級也是不太在意的，大多數都是習慣個人做好個人的事。企業經理人幾乎不太管事及干涉下屬，開會完事情交代下去就是等結果跟成效，放手給部屬做是他們最大的特色。

　　美式經理人喜歡也慣於徵尋能力優越的部屬，哪怕比自己強，經理人也不在乎。美式的管理系統較重視員工個人價值與機會公平

原則，對於考核、義務、權利、報酬的定義較明確，主要以「個人績效標準、績效評量，以及推薦晉升等人力資源決策為主。」也就是說：「美式的管理系統，會明確定義出員工必須達到的『職責與質量』標準。」這包含所需要具備的知識、技能、品質、產出等等，考評方式透明化。此外，美式經理人在進行績效評估時，會與部屬一起針對部屬個人的績效進行互動，共同討論績效評量的結果，並研究改善方法，讓下屬迅速提昇個人工作能力。當下屬能力越強，主管需要「主動」做的事就越少；想像一下，一位經理人的工作團隊有 5 個職缺，找來 5 個人都是出類拔萃的菁英，5 個都能100%的把工作做到最好，請問整體績效能不高嗎？身為經理人還需要介入干涉和擔心嗎？美國人的政府和企業在這種「普遍習慣大量網羅人才」的模式下，成就了今日的世界強國。

　　不過，美式管理有個缺點，容易造成員工個人主義太強烈，團隊合作時可能達不到更好的效果；因此，美式經理人整合團隊合作的能力就要很強，遇到這種狀況時，可以展現超群的領導能力並激勵出團隊的最大價值。像電影《復仇者聯盟》裡面的神盾局局長，他真是「很不厲害」，可是他總有辦法整合一堆「神人」：綠巨人、鋼鐵人、美國隊長、雷神索爾、黑寡婦、鷹眼，聯手拯救地球。不過，當個企業經理人不用那麼偉大，不需要拯救地球，只要做好經營管理公司的工作就好了。

日本人比較嚴謹，企業內資歷、階級分得很清楚；同階級要比資歷、不同階級更是。若在日本，我是個「菜經理」，做事可能還要看資深副理的臉色，為表尊敬我還得稱他一聲「賢拜」（前輩）。好聽一點，我們可以說他們比較重視職場倫理；直白的說，他們比較拘泥、注重形式化。站在企業的角度，職稱跟資歷「不是務實的事物」，但一個人卻能為企業帶來好的績效與正面能量，這比職稱跟資歷本身重要多了。日本企業裡常見的「文化」是：強調企業內部和諧、團隊分工、重視員工、尊重員工，因此企業對於內部人事管理的問題相當重視（例：升遷、調薪、福利等），會以整體企業參與者為重，藉此提高企業經營的績效。日式管理對「人性」尊重，經營者把員工視為具有意志、思想、感情的完整人格來「把握」、而不是「掌握」，認為人一旦受到尊重自會引發內在的潛力與能力，更加倍地努力為企業付出。

　　因此，日本經理人工作時特別戰戰兢兢，總是把公可當「戰場」，認為將科學和紀律帶入管理中是很重要的，事事要求「精準」（臺灣人俗稱：龜毛）。經理人的工作幾乎就是不斷的介入、協調、修改、優化、制定所有工作流程（SOP）（註 1），務必確保每個環節都做到最精準確實、品質最優良、績效達到最高。日本企業相信所有的工作，都是可以用科學的方法和嚴謹的工作紀律來做到最好，重視

註 1：SOP是Standard Operation Procedure三個單詞中首字母的大寫，即標準作業流程（標準操作流程），就是將某一事件的標準操作步驟和要求，以統一的格式描述出來，用來指導和規範日常的工作。

小組團隊合作與良性競爭，因此經理人的榮譽感跟責任心異常旺盛。有報導指出，日本一項最新的研究報告發現：「日本的專業人士和經理人，在六十歲前死於癌症、中風和心臟病的比例都高於其他行業，因為這些人重視工作勝於健康。」

日本經理人不似美國經理人般要求個人能力，他們重視的是團隊走向、紀律、榮譽，資深員工帶領資淺員工的情況很常見。所有工作都是讓團隊依照經理人擬定好的「科學方式和紀律規定」去做，以求達到企業及團隊訂定的目標。而經理人遵循這樣的方式做經營管理，可能是文化上對榮譽感與精準度特別重視，偏向「專注於完美」的精神與態度。臺灣的企業經理人，管理風格目前除了美式跟日式，另外就是融合兩種風格的「混合式」。臺灣不像日本尊崇皇室威權，又喜歡學美國人講民主；因此，企業經理人有時會刻意避免太過壓迫，但是管理若太過民主，卻又怕員工不夠自主，於是衍生了美、日二合一的管理模式。

相信讀者一定有看過：早上上班通勤經過汽車公司、房屋仲介公司時，一堆人在公司大門口喊口號、做晨操的吧！其實，我看不出來這種做法求什　效果？現在大概只有監獄、學校、軍隊才會做這些事，而這三個地方的特色就是：「沒有商業競爭壓力跟時間很多。」

若讓我選擇，我希望拿做晨操的時間給員工檢討一下：「昨天有什麼問題？」或讓他們在進入工作崗位前，說說今天準備執行與完

成的工作計畫，還比較有意義。有時間加上做有意義的事，對企業跟員工都是很重要的。每天做晨操，久了很無趣又趨於制式化，口號應該也喊得蠻「悶」的。

在臺灣，日本料理店處處可見，店家也都經營得很像「真的」日本料理店。常常一進門就聽到服務人員拉高嗓門大喊：「以拉誰媽誰！」（意歡迎光臨），客人剛進到餐廳聽到可能還 OK，若是客人用餐時不斷聽到突如其來的喊叫聲，不免讓人覺得心煩（當然，也許有些人很喜歡）。人們到餐廳用餐，主要還是希望用餐環境舒服愉快，如果用餐過程中一直被餐廳員工捲入「展現競爭力」的戰場，會不會讓客人覺得「我成了餐廳的一份子，而不是客人。」服務人員有精神跟鬥志很好，但還是該反映在服務品質上，不是只重於表面象徵。筆者歷經長期的服務業工作，在從業過的知名企業裡，還真沒有幾家公司服務或工作品質是「喊」出來的。

此外，有的臺灣企業在培訓幹部時，會要求不分男女一律剪短頭髮以示決心，但剪短頭髮跟決心好像也沒有太大關聯。這些不管適不適用，一味仿效並導入以上幾類特定模式的企業，真是不勝枚舉。無論採取何種風格、模式，最重要的是──適合自己的企業。

「臺灣經營之神」王永慶曾說：「若不能從根本著手，奢談企業管理是沒有用的。管理沒有祕訣，只看肯不肯努力下功夫，凡事求其合理化，企業經營管理的理念應是追根究柢，止於至善。」

十二、以SONY、豐田、宏達電為借鏡

一曲悲笳吹不盡！荒腔走板知多少？失敗與成功的經驗裡，記取的有幾多？

SONY、豐田兩個著名的日本大型跨國公司，早期面對日式經營管理模式曾產生懷疑。2005年出井伸之（SONY前執行長）因不堪2002～2005近 3 年連續鉅額虧損黯然下台，SONY日式管理時代也正式宣告結束。接任的美國新力負責人、霍華德・斯金格（Howard Stringer）出任會長兼CEO，於2005年 6 月正式經由股東大會通過最後投票，成為SONY第一位外籍領導人，至此SONY開始了完全美式管理的做法。為消除企業內部管理模式轉變的紛爭，霍華德・斯金格在高階主管人事安排上不惜採取「鐵腕手段」。不幸的是，那段時期SONY的美式管理法並未出現太大效用。

豐田汽車早期則是派代表團到美國訪問，研究美國的企業，他們首先參觀了福特汽車公司位於美國密西根州（Michigan）的汽車廠。當時福特汽車是汽車業的領導者（註 1 ），但豐田代表團發現福

註 1：流水線生產起源於福特1914年－1920年。美國人亨利・福特首先採用了流水線生產方法，在他的工廠內專業化分工非常細，僅一個生產單元的工序竟然多達「七千八百多種」。為了提高工人的勞工效率，福特反覆試驗，確定了一條裝配線上所需要的工人，以及每道工序之間的距離，讓每個汽車底盤的裝配時間從 12 個半小時縮短到 1 個半小時。

特很多生產管理方法並不是很有效率，代表團最為驚訝的是，大量的庫存車和工廠各部門的工作量並不平均。他們在訪問Piggly Wiggly超級市場時，看到Piggly Wiggly只會在顧客購買貨品之後才重新進貨。代表團從而得到啟示，用日式管理加入改進，演變至今成了世界聞名「TPS管理模式」（註 2）。TPS的成功，並不是來自豐田自己的汽車生產過程，而是把美式管理方法用日式管理來改良運作罷了。

　　豐田雖然受到美國啟蒙，卻堅守日式管理，終取得了空前的成功，SONY卻是長久陷入困境未能及時脫身。由此看來，管理模式無好壞之分，只有合適與不合適。豐田的成功，正是基於對適合自身管理模式的堅持。

　　2010年 8 月，宏達電為了因應急速擴張的智慧型手機市場，請來一群前「SONY」中高階主管，希望幫助宏達電進行國際布局；業界傳出，這批外籍兵團的新資水準遠超過一般科技業。事實上，這批空降部隊是「說比做還多」。王雪紅核心幕僚一度坦言：「外部人才進入公司後，遇到問題的一貫做法，就是砸大錢、請顧問公司、亂投

註 2：豐田生產系統（Toyota Production System, TPS）又名豐田式生產管理（Toyota Management），是日本Toyota汽車副總裁大野耐一所建立現代化生產管理模式。結合了豐田集團的Just in Time（簡稱 JIT）即時管理系統與Kanban看板管理兩大系統。加入高度自動化生產與生產制度落實及規劃，逐漸發展成一套完整包含企業經營理念、生產單位組織、物流及品質管理、成本控制、程式庫存管理和生產單位管理的作業體系，有效降低企業的生產成本、提高生產效率，且逐步改善產品的生產品質。是目前最受矚目的企業管理理論之一。

資，花公司錢毫不手軟。」（花大錢挖來一堆經理人，讓他們又再花大錢去找顧問公司，到底是何邏輯？）

最知名的例子，就是宏達電2011年8月花近3億美金，買下51%美國Beats潮牌耳機公司的股權，不到一年就以帳上虧損一億多台幣的價格，賣還給Beats一半股權。而這只是過去兩年來，宏達電挖角人才加入後，決策評估、執行不當的重大案例其中之一。最後是因引進不適用的外籍人才，加上評估及決策錯誤，讓這近90億台幣的購併案，不到一年就結束。不僅如此，當初挖角來的高階經理人主導併購案失利後近兩年左右，又跳槽此和作案的公司成為高層。看起來是頗有利用宏達電為「個人跳板」的意味。

其實在過去幾年來，不少人來到宏達電上班，只是想沾個邊。在意的無非是出國開會可以住哪家飯店？配到什麼等級的公務車？薪資可以談到多高？將來有什麼職務可以卡位？隨著股價大幅攀高、人力增加、組織膨脹，當年代工起家的宏達電，「創業精神」已不復見。曾有主管感嘆：「同仁的螺絲鬆了，被眼前的繁榮光景花了眼，忘記當初草創時期打拼的精神。」

俗話說：「外國的月亮比較圓。」以科學的角度看當然沒有的。其實，這句話的真正意思是指：「人們對相同的人、事、物換個立場觀察後，因心理作用而造成的自我感覺變化。」相信全臺灣高中學生的教學課程應該都是一樣的，那為何偏偏就要說唸建中、北一女比較

好？能不能考上台大醫學系、電機系還是得靠自己努力，跟學校有什麼關係？經理人在經營管理企業時，要摒除先入為主、以偏概全的觀念、想法。是否能帶領企業走上高點，必須靠經理人團隊的努力，無法藉由複製別人的成功，來達成自己的目標。從上述所舉案例中，不難看出「經營管理的成敗，並無關企業大小、也無關國界。重要的是該考慮適不適合企業本身？」

十三、挖角不是萬靈丹，可能是「請鬼拿藥單」

挖角與找人才是完全不一樣的兩回事——挖角是因為：「企業亟需變動，內部覓無適當人選，需要用高優渥報酬，不得不做的挖人才行動。」找人才是因為：「迎接企業或內部組織即將擴張，以正常報酬徵才的行動。」

在臺灣企業，挖角人才很多其實是做得「名不符實」，因為：「企業常常花大錢挖來所謂的經理人『超級巨星』（偶像迷信），做出來的決策與執行結果卻像個『超級巨猩』。」企業會有挖角行為，不外乎下列幾種原因：

1. 設立新部門，研發新商品，需要新技術

就像前面提過的：「沒有任何一個公司會把人事經理放在製造部門，把製造經理放在行銷部門。」當企業亟於成立新部門，或是開發新商品、需要創新技術，就會想直接挖角同業界的優秀專業人才。面臨一個全新的計畫，準備投入不相關或相關但不熟悉的產品與技術時，一定需要專業人才，沒有企業能接受只用「八分熟」研發出來的新商品和新技術的成果。

2. 企業內部經營管理階層組織出現異動，或需要改革

這個情況通常都是很急迫了。經理人應能理解：「管理階層的組織異動及改革都不是好事。」這意味著一個經營管理組織已經沒

有了動能，達不到企業所要求的績效評價。良好的經營管理組織，不太有可能輕易的「被異動」或「自我異動」；通常會異動都是企業高層要求，或來自董事會壓力。舉例來說：「一個經理人長年帶領企業旗下的工作團隊，在競爭激烈的環境下漸漸交不出合格的績效（合格，代表低門檻），這時企業最高層就會想要對『經營管理階層組織』異動或做些改革。」挖角其他相同專業經理人，來取代自己企業內部的經理人，重新帶領一個團隊。或許我們會問：「那他不能自己改革嗎？」或許可以，但多是困獸之鬥；企業高層若肯，給的時間也不會太多了。績效會下滑，畢竟不是一、兩天內造成的，發生上述情形只能怪經理人自己警覺性不夠。

另一個狀況是高階管理層變動；像是前章SONY的例子，CEO直接「砍掉重練」，絕對不可避免的是管理組織跟著異動。

3. 企業處於激烈競爭及發展中，原職務人因重大事故空出職缺

無疑的，比起前者還更為急迫。企業正在市場上跟對手拼的你死我活，大家忙著各自堅守崗位，這時突然傳來噩耗，總經理因為公事太煩忙過勞壯烈成仁……，其他副總也都在忙自己的工作，根本沒有接班的心理準備，甚至也無法勝任總經理的職務，還害怕就算接了也會跟著犧牲，怎麼辦？逼不得已只好向外引進。

4. 該職缺的專業水準及人才普遍缺伐乏

專業程度較為「特別」或較為「冷門」的，許多企業都普遍缺才。

這情形好比大學醫科在 10 年、20 年前，最熱門的是婦產科、骨科，近來則是整形外科、皮膚科。一向冷門的氣象系，隨著全球暖化、氣候異常，這類科系已相對重要了許多。氣候連帶影響未來農產品短缺問題，導致物價異常上漲。還有專家研究指出：「將來農產品與水資源才是最有價值的商品。」總之，隨著外在大環境的變化，會挖角的人才及原因也會慢慢改變。

5. 企業型態轉變或再投資

這種情況，在企業界也算不少見。好比一個企業本來賣「食品原料」，看好「加工食品」的商機，毅然決定改變型態，不賣原料而是將原料製造成「加工食品」，因此需要引進大量的專業人才，轉型投入「加工食品」的這一個區塊。當然，可能是一種徹底的轉型，也可能是拓展投資或成立新公司。

◎節摘 工商時報　作者：陳國瑋　2012／11／14

　　1987年前，國內投信業屬獨占事業，僅有四家老投信，後來開放執照申請，投信如雨後春筍般設立，各種類型基金紛紛推陳出新，而基金經理人人才短缺，成為各投信挖角重心，多數投信挖角均著眼於經理人的投資報酬率，唯有高報酬基金經理人才是明星，過度仰賴報酬率的結果，使臺灣的投信業發展愈來愈走偏鋒。

6. 為提高企業競爭力

當企業自覺應該全面提昇，讓企業更上一層樓時，也會透過挖角將優秀的人才引入企業。這類挖角的行為，多發生在企業快速成長，或急於擴大事業體系時，藉由挖角同業擁有良好經驗的優秀人才或團隊，仰賴他們「以往的成功」能複製到自己企業中。當然，接受挖角的對象，通常薪酬待遇都比原本的公司優渥，但也常發生換了新環境表現卻大不如從前的情況。

有些經理人或許是原本企業裡最有能力的幹部，靠著自己的能力發光發熱，成為「明星級」經理人。但在講求團隊合作的模式下，經理人必須靠著領導團隊的合作，以及團隊和團隊之間的默契，才使得「明星光環」受到其他企業注意甚至挖角。當他們換到一個陌生的環境時，必須試著融入新環境並重新培養合作默契，這不是很容易的；此外，除了「明星經理人」與「明星團隊」本身的條件之外，大環境的種種因素也都關係著結果的成敗。

為公司發展布局、放眼美好未來是很好的，但千萬別讓立意良善的挖角行為，成了企業內部、商場競爭的惡性角力戰！不管什原因，挖角都可能變成一種「自傷且傷人」的事，才會說是「不得不做的行動。」企業要顧及到自己的文化與理念，還要放手讓新進人才（團隊）大張旗鼓的施展，將使得內部正在改變的平衡、權力、利益、資源、人事，可能變得難以掌握。最怕的是，破壞內外整體和諧

又達不到良好效果，造成其他合作公司或內部原有資深人才心有不服、紛紛求去，反過來變成企業的損失。建議企業或經理人做此一舉動前，應該更審慎評估。

比起挖角，筆者主張用正常報酬徵才來栽培，讓員工與公司一起成長、內部保持和諧、落實企業理念傳承、落實升遷制度、人事開銷合理化、維持團隊合作默契、激勵員工有向心力⋯⋯等好處太多了。唯一缺點是，形成的時間較漫長。

案 例

◎蘋果日報　不爽巴菲特挖角　AIG拒與波克夏續約　2013／9／11

2013年 9 月「股神」巴菲特（Warren Buffett）旗下的波克夏海瑟威 4 月一口氣從AIG（American International Group, 美國國際集團）挖角了四名高層。據彭博引述消息人士報導，由於雙方已從合作夥伴演變為競爭對手，AIG已決定不再與波克夏海瑟威續約再保險業務。而跳槽到波克夏海瑟威的四名AIG高層，專長在大型險與意外險保險領域，未來將直接挑戰AIG的主要市場。其它消息表示，AIG已於二個月前停止與波克夏海瑟威就再保險業務進行續約，但雙方既有的其他合約保持不變。

案 例

◎今非昔比！宏達電、宏碁落敗真相

節摘 天下雜誌 作者：王曉玟、黃亦筠 2013/9/24

臺灣科技兩大領導品牌：宏碁連 2 年嚴重虧損，恐遭併購的流言四起。

宏達電 2 年來市值蒸發 9 千億，內部驚爆間諜案更凸顯內控嚴重疏漏。

到底，臺灣科技品牌發生什麼事？

第一把雙刃劍：國際團隊

「要打一場全球化的仗，需要國際化的人才，」宏碁董事長王振堂曾說：「宏碁願意用國際級的薪資標準，全球獵才、重賞勇夫。」

但是，「臺灣沒有國家形象或市場發展優勢支撐，臺灣企業變得只得用超過一般水準的薪資，才能請到一流的國際人才。」政大企管系教授別蓮蒂觀察。

宏碁不是沒有在國際人才上花過錢，卻後繼無力。翻開宏碁2012年年報，宏碁前行銷長狄普勒、管理亞太營運總部的全球資深副總裁林義萬、和掌管歐洲市場全球資深副總裁奧利佛，薪資級距 5 千萬到 1 億台幣，比宏碁全球總裁翁建仁還高。但同時，宏碁市占率從13%降到8.3%。

「領高薪，卻看不到公司有好轉。」一名宏碁內部人士不滿，蘭奇離開後，宏碁已沒有財力另聘更好的國際人才。而宏達電重用前索尼洋將團隊，靠著前營運長克斯特洛（Matthew Costello）牽線大動作入股美國耳機品牌Beats，卻又售出股權，為投資不利止血。

為什麼臺灣科技企業無法和國際經營團隊善始善終？「因為臺灣企業沒有功能強大、運作健全的董事會」政大科技管理與智慧財產研究所所長邱奕嘉指出，臺灣科技品牌太仰賴CEO一人強人治理。放眼美國，IBM董事會可以找到葛斯納（Louis Gerstner）起死回生。雅虎董事會也找對梅爾（Marissa Mayer），再造雅虎。

其實，一個企業若總是在外面挖角，企業與經理人真的該好好檢討了。這企業的經理人都在忙些什麼呢？經理人的部屬少也該有「十幾二十個」。若說挑不出適合的人選，勝任較高階的職務、或接受更大挑戰，那不是部屬太混就是經理人太混。

經理人本應不吝於多加拔擢、發掘更優秀於自己的人才，為企業打下更穩固的基石；一來增加企業現階段團隊的實力，二來也為企業擴展所需的人資做好充分的準備。從公司內部發掘人才，給予正常的升遷管道及願景，員工才會為這個企業團隊效盡全力。若公司總是仰賴挖角的人才，員工可能會感到沮喪，認為：「如果想要成長或爭

取領導的職位，必須在企業以外尋求機會。」而且挖角進來的人才，與原有幹部的表現可能不相上下。但企業卻必須提供高額的薪水、簽約的獎金、股票的選擇權、額外的紅利等，長久下來絕對會打擊原本員工的士氣。

十四、加班有理，摸魚無罪

　　工作量分配不平均，是企業體常見的通病。經理人必須時時注意及掌握，企業各部門工作量的「細節與本質」。

　　臺灣大多數的企業最喜歡在何處降低成本呢？是的，在人事。相信大家一定有過經驗：「公司人事資源摳得很緊，少數人做得很「夭壽」（要命）！」有的企業刊登徵才廣告，工作特色居然是：「加班有錢拿！」某些企業的部門，人力分配跟加班現象是很不正常的。經理人應該要知道：「員工上班到底都做了什麼？」是「都把工作留在加班做？」還是「人力資源與工作量不相平衡？」或是「員工的能力太差？」加班的常見原因敘述如下：

1. 人力資源分配不當

　　前面看過豐田汽車參觀過美國福特汽車公司的例子，他們發現：「福特汽車工廠大多數的日子，各部門的工作量並不平均。」這是一個典型的人力資源分配不當的案例。當企業開始營運，各部門員工就應該有「適當且平均的工作量。」或許未必能做到精準，但是經理人職責就是要規劃－－「如何平均的調度、分配人力資源？」比如說：「製造部很閒、裝配部很忙，就應該把製造部的人力調度到裝配部幫忙，避免製造部慢慢做等下班、裝配部趕工做到加班的情況」。

其實，透過適當、平均的分配人力，兩邊都能正常的下班。也許我們會想：「製造與裝配在作業技術上會有差異性，員工不見得做得來。」但這就是一種職能的教育訓練，經理人本來就要「讓員工有交叉學習的機會」；何況員工只要有上班，不管做什麼「工作」，企業都要付薪水，倘若有的員工事情很多、有的員工沒事做，這情形久了也會造成部門員工之間的對立。

2. 團隊工作配合不協調

團隊進行工作時，經理人一定要時時注意整體的協調性與細節。團隊若有一、兩個員工老出錯，或總是用不正確的方式進行工作，就可能延誤整個團隊的效率，拉長團隊的工時。

我看過某個工廠突發加班情形是這樣的：這個工廠交貨給日本客戶的時候，被日本人退掉其中一批貨，包裝內容物的產品並沒有問題，問題出在包裝外觀的條碼貼紙「不夠整齊」，未達日本人要求貼紙對齊紙盒邊角（日本人「嚴謹」舉世聞名），於是被日本人「打槍」退回並要求重新包裝，當天員工全部加班重貼這批貨。事後發現是一個新進員工，並不知道出給日本客戶的貨有這項「特別要求」，才造成疏失。因為一人疏忽，全員加班補救，代價不可說不大。

3. 商業需求造成工時延長

學生時代的我，課後曾經在KTV打工到晚上 12 點。每逢假日來KTV消費的人數倍增，客人徹夜笙歌把我的工時硬是拉到了凌晨

兩、三點。當客人不斷上門消費,或商品在市場上供不應求,造成企業員工需要加班,是屬於較常見且合理的加班原因。由於這種情況不是常態,固定只發生在少數的特定時期,因此經理人可以決定在不增加人事成本費用下,讓員工用加班方式代替增加人力。商機創造了業績,企業主和員工都有錢賺。

4. 員工工作執行力出現問題

員工執行工作時,本應貫徹企業所制定的高效率、高品質、高績效、低成本的「SOP」,如果沒有達到既定成效,經理人就該找出問題是在員工?還是在作業程序及方法?若確定作業程序沒有問題,是員工散漫而延長工時,經理人當然要找員工談清楚了;反之,若是作業程序有問題,導致拉長了員工工時,表示經理人制定工作流程後,根本沒有驗收實際的作業程序,讓員工無法用「最正確的方法做事」,那經理人就要自己檢討問題所在。這除了會讓企業付很多「莫名其妙」的加班費外,還會讓員工覺得企業和經理人很「腦殘」。

5. 能力有限,工作量卻又太大

臺灣企業最可憐的勞工,可能不是工人,應該是工程師。工人做工付出勞力,加班時間還有錢拿,工程師基於「責任制」這三個字,工作超時沒錢也算了,為了專案研發沒日沒夜的「精神超時、不停思考」(如何定義「精神加班費」?),還承擔了過勞死的風險。

假設公司今天召集部門同仁開會，並丟出一個限期完成的大案子，為什麼超時加班的就一、兩個人？既然是團隊合作，應該大家共同執行並一起審視進度。但根據多項「過勞」的新聞報導發現，很多企業嘴巴上講究團隊合作，可是超時工作的永遠就是那幾個「可憐蟲」。或許，工程師的知識領域比一般員工高，但不表示他們有「三頭六臂」。專案研發可以只有一個負責人，但執行一個案子，一個人絕對不會比一整個團隊更有效率，最好的工作執行效率還是必須依賴團隊合作。

　　有次朋友分享了一個網路短片，內容是描述一顆隕石即將撞到地球，全世界的人都抬頭望著隕石往地球急速飛來，表情卻不是害怕跟緊張，而是好像在算計著什麼？在隕石即將撞到地球的那一刻，奇妙的事情發生了——全世界的人同時跳了起來，在大家落地的那一瞬間，讓地球硬是往下掉了一個位置。地球靠這「全人類的奮力一跳」，躲過了隕石的撞擊。當然，現實世界中這樣做是不可能對地球造成任何影響的，不過這個短片創意提醒了我——「團結力量大」！

案 例

◎內容節摘自 能力雜誌 作者：陳佑寰 2013／8／12

職業災害事故頻傳，近幾年職場上勞工發生過勞、憂鬱症、甚至自殺等事故引起社會矚目，例如：蘋果公司代工多項產品的富士康在大陸廠區發生多起員工跳樓事件，蘋果也因此遭受各界指責；燿華電子某陳姓員工因工作罹患憂鬱症經高等法院判令公司賠償，係我國首次將憂鬱症納入職業病而經法院判決勞工勝訴的案件；南亞科技某徐姓工程師經勞委會職業病鑑定委員會認定因超時加班導致長期工作疲累而猝發心因性休克致死，家屬得自勞保局領取近 2 百萬元的職災死亡給付，係過勞死認定放寬後的首例；台塑六輕廠某張姓員工因工安意外頻傳，精神壓力過大，竟於廠區跳樓自殺，經勞委會職業病鑑定委員會認定是執行職務所致精神病，是第一宗經鑑定因工作導致精神病而自殺的案例。

十五、盡自己「責任與義務」，才要求部屬做到「完整又好」！

　　經理人與主管在員工進到工作之前，應該先研擬一套完善的職前教育、工作計畫、操作說明，讓員工貫徹執行，不止把工作「完成就好」，而是做到「完整又好」！。

　　上個章節提到重貼標籤的實例，除了加班要耗費企業成本，標籤撕掉貼新的也是要耗費企業成本的。因此，在員工正式作業之前，經理人與主管都應該擬定一套完善的職前教育、工作計畫、操作說明，使員工能把工作做到「完整又好」，而不是「做完就好」。不然，員工根本不知道：「什麼事該怎麼好好做？」做完了卻又七零八落，讓企業白白提高成本。這樣能責怪員工嗎？若把責任歸咎於員工，就變成：「不教而殺謂之虐。」

　　我在某大連鎖KTV任職經理人期間，前期最頭痛的就是「包廂內電子類器材的維修工作」。例如：點歌鍵盤、電腦鍵盤、遙控器、麥克風、喇叭、音響主機等，這些平常都是靠機房人員維修，但礙於機房人力是外包廠商（註 1），常常延誤時效又做得不完善。有時候

註 1：早年大多KTV的機房、維修外包單位，多是屬公司內部「非正式編制組織 的委外配合廠商。公司以招標方式進行，合約為一年一約。外包單位人員上的作業管理及招募選用，亦由它們母公司自行掌握。雖然作業方式是以配合KTV公司為主，但因為工作人員非企業正式體制下人員，所以增加了公司整體管理上的透明度及難度。

包廂都已經賣出去供客人使用了，東西卻還沒修好，除了直接影響到公司的影音設備品質問題，還容易引來客人使用上的抱怨。員工常為了設備不良跟客人道歉、補客人時間，已經都成了習以為常的事。後來我跟幹部們討論後，向公司高層建議：將外包廠商的技術轉移到公司內部，並分配給離峰時段的主管和服務生執行。從檢查到修繕，由廠商或幹部親自教會每一位同仁，要求同仁遇到不懂、不會的，一定要馬上問、馬上學；之後，再慢慢把公司包廂維修責任跟技術，平均延伸劃分給各班幹部及員工，讓包廂在 24 小時內都有人立即維修排除故障。

　　由於KTV包廂的影音設備品質，是消費者注意的重點，因此，每到客人較少的離峰時段，由幹部帶領服務生巡視檢修包廂的影音設備器材；雖是公司前所未有的嘗試，但同仁也能輕鬆愉快勝任，更讓整個工作團隊在內部獲得了好評價。雖說服務與維修工作反差很大，但事實證明透過詳盡的教育訓練，員工都能把事情做到完整又好的，只是端看經理人如何教育及規畫。經理人假如率性的不作計畫，也沒有盡到「責任與義務」，就要部屬們突然承擔自己決策後的工作，其慌亂的後果，肯定「不堪回首」。

十六、勇敢面對錯誤，才能檢視每個事實

「以子之矛，攻子之盾」是眾所周知的「矛盾說」，然而，矛盾跟員工犯錯有什麼關係呢？我所謂的「矛盾」意指公司「獎勵及懲罰」規定之間的拿捏。「獎勵規格高，激勵員工能有好表現；懲罰越嚴格，警惕員工降低犯錯機率。」真的如此嗎？可能是空有數據，不一定是個事實。

「隱惡揚善」從中國人的美德變成壞習慣，又喜歡說：「家醜不可外揚。」美國總統華盛頓小時候砍了櫻桃樹的誠實故事，不少人一定都知道；但回去看看企業內部，真正敢坦白認錯的人卻依然還是少之又少。大家都只在乎職場上被獎勵，不想被懲罰，不禁讓我突發奇想：「若員工認錯一次就獎勵一次，那是故意做錯事的人會越來越多？還是願意坦白認錯人會越來越多？」我倒不是想追求這問題的真正答案，而是希望大家能夠明白「從錯誤中得到自我檢視」的可貴。

工廠裡總是有著很多機器，讓員工去操作、去生產，因此就有「稼動率」（註 1）。我在擔任技師工作時，常常不能理解：「為什麼正常操作下的機器，不相關的零件老是故障？」（機器故障首先影響稼動率），後來仔細觀察發現：「只是員工無聊，隨手玩弄機器

註 1：稼動率英文稱作activation或utilization，是指設備在所能提供的時間內為了創造價值占用的時間比重。是指一臺機器設備可能的生產數量與實際生產數量的比值。

小零件造成；不然就是不按照正常程序操作機器，導致機器加速耗損。」每半年機器大保養時，公司就必須開出一大筆預算修繕機台，可是上級追問下來，基層幹部怕被責備總是推說「不知道」或「正常耗損」，誰會說：「是我的作業員太無聊，在等交班時撥玩機器零件，作業時不當操作機器，才導致加速耗損！」由於我是工程人員，實在很少會接觸到生產管理幹部；上級雖有主任工程師，但工作重點多是負責產品專案研發、與機器製造的產品良率，不會直接涉入生產人員的管理工作。偏偏公司管理高層一些人甚至認為：「工程人員只會出張嘴，意見不重要。」讓我感覺很無力，也不想主動說出事實的真相。結果還是一樣，每半年時間一到，公司依然要拿出大筆的經費來修繕機器。

　　上述的事情，不是想要凸顯員工犯了多大的錯誤，而是想表達像這樣簡單的問題，居然沒人正視它、檢討它。大家遇到長官問下來，都是「我推給你、你推給我，我沒人可推，全部推給機器吧！」若不是有人無聊撥弄或不正常操作機器，那幾百萬買的機器會那麼容易「自我毀滅」嗎？基層幹部要是正視這個問題，勇敢承認確實是有部分技術員，某時候有意無意的不當操作、撥弄機器，造成機器小故障，其實問題就可以得到改善，公司例行保養時也不必花大筆經費修繕機器了。

前幾年我剛進公司擔任技師時，曾因領班操作機器不當而壓傷右手。幸運的是，我天生體格骨架較一般人大，雖然被機器幾十公斤鐵塊力量夾住重壓，只有輕微的中指骨頭裂傷（也是近三個月才完全傷癒）。事發完後的第一時間，那位誤壓傷我的領班，看我手傷並無大礙，竟然希望我不要把事情傳出去，否則這個部門會因為「工安意外」，遭到長官們「特別的關心」，他也可能會因此遭到懲處。當時我是新進員工，不想就此得罪同事，因此沒有向自己的直屬長官報告，但心裡對於企業的「幹部教育」著實感到失望。

另外 位技術員也遇到同樣的情形，但命運大不同了，手壓傷後因為有骨折現象，休息了近一個禮拜。在經歷跟看過這兩起工安意外後，從此對技術員操作機台的「工作安全規定」特別注意，哪怕是需要「態度強勢、得罪同事」，我都堅定不移；因為實在不相信，還有幾個人能比我更幸運。

經理人當然也有犯錯的時候，發生了錯誤並不可恥，可恥的是，身為一個經理人卻不能勇敢面對，反而利用職務之便去掩蓋它。沒有肩膀去承擔自己與部屬的錯誤，自欺欺人才是最大的錯。「言教不如身教。」經理人在企業內部勇於面對錯誤的「GUTS」（膽識），比言語的宣教更為重要。

案例

◎監督不善被盜750萬 農會主管逼 86 員工捐薪水補虧空

節摘 ETtoday 社會中心／綜合報導 2013／11／26

上司的錯是下屬責任！立法院前院長劉松藩胞弟劉松齡擔任原大甲鎮農會總幹事期間，疑擔心女下屬侵吞公款750萬元之事曝光，竟要求全體 86 名員工拿出一個半月薪資彌補虧空，隱匿案情不報順利高升。後來劉松齡知道被調查，又指示股長李明坤幫忙滅證，農會員工私下抱怨連連，「跟《半澤直樹》演的一模一樣！」

台中市大甲區農會前女員工劉宥霖（50歲）在2004年間投資股票失利，想出用「假鈔換真鈔」手法侵吞公款，直到二年後被調職才事蹟敗露。劉松齡身為劉女主管，未盡監督責任捅出這麼大洞，若案情曝光必然會影響他的升職之路。

為了隱匿案情，劉松齡居然在2006年 2 月 6 日一場主管會議上，提出「資金缺口由員工共同承擔」決定。農會員工透露，「大家怕失去工作，敢怒不敢言！」最後全體職員分別從薪資帳戶提領一個半月薪資，不足的部份再由 7 名主管各出 20 萬至 30 萬元補足。

劉松齡犧牲員工薪酬包庇犯罪，順利完成「連續7年績效優異」。97 年接任全國農業金庫董事長，負責全國農、林、漁、牧融資等業務。但有兩名員工不甘權益受損，去年向調查局檢舉劉松齡惡行。

得知被調查後，劉松齡竟指示股長李明坤幫忙，進入保險箱金庫區拿走劉宥霖自白書、借據、農會處理該案資料、移交清冊等證據，再回覆調查局「無從提供資料」，自稱不知員工盜用公款、也不認識李明坤。

但有多名員工指證劉松齡曾要求代墊虧空，事發後與李明坤一起進入金庫區，檢察官另查扣到 86 張取款條，認為劉松齡嫌疑重大，25 日依隱匿刑事證據罪起訴劉松齡、詐欺取財罪起訴劉宥霖。

十七、派遣工好比傭傭兵

　　傭傭兵是一種特殊的兵種，參戰目的只是為了金錢獎勵，價高者得。派遣工是一種特殊的勞工，就業目的只是為了求得溫飽，工作沒有太多理想及抱負。

　　傭傭兵參與一場武裝衝突，不是為了意識型態、政治信仰、愛國主義或道德原則，而是為了豐厚的「金錢獎勵」，任何人只要出價夠高，他們都可以受傭參戰。是不是像企業用高時薪請來的派遣工一樣？內容修改一下，就是企業派遣工最好的寫照了。

◎台政府帶頭用派遣工　勞陣：3年內停用

　　節摘　大紀元　記者：吳旻洲　台北報導　2013／10／8

　　日前行政院主計總處調查發現，臺灣每 10 個派遣工就有 1 人在政府機關工作。勞陣祕書長孫友聯 8 日表示：當日本和德國都已明令禁止政府使用派遣工時，臺灣政府卻還持續大量聘傭派遣工，已成國際笑話。要求政府 3 年內全面停用勞務派遣，改直接傭用。

　　臺灣勞工陣線聯盟 8 日舉行「政府黑心派遣、亂象大公開」記者會。針對主計總處調查2012年勞務派遣受傭人數 9 萬6,651

人中，在政府機關工作的派遣人數就高達 1 萬738人，占整體派遣人力的 11.1%，孫友聯表示：政府是派遣工的最大用戶，是造成勞工低薪化、廉價化的元凶。

◎HTC徵短期派遣 月薪近7萬 供餐供住

節摘　自由時報　2013／4／14

日陞企管顧問（人力派遣）有限公司近日在518人力銀行張貼徵才啟示，HTC招募短期派遣工，表現優異可轉長期，時新高達250元、月可領近 7 萬、享有勞健保、免費住宿和供餐，且條件寬鬆。有工作經驗的網友爆料，雖然福利好，但工時長、內容單調，公司工作時間常挑戰勞基法極限。工作時間為上午 8 時至晚間 7 時 50 分、時薪250元、月休 8 天、供餐、供外地工作者住宿、工期 3 個月、表現良好可轉長期，且學歷、年齡不拘。

HTC今年推出多款新機，New HTC One在台推出後，市場反應熱烈，供不應求；HTC這批派遣工預計招募500至700人，工作內容為包裝、鎖螺絲、貼貼紙等反覆性動作，不具複雜技術性質。

「派遣工當然不比正式員工好！」指的是這種「做法」，而不是當派遣工的「人」。他們就是「企業傭傭兵」，不會在乎企業經管理念、升遷、績效、獎金、團隊工作協調性，沒有願景、沒有完整的在職教育訓練，唯一的好處就是「補齊短時間的人力缺口」。像前面報導說的工作內容：「包裝、鎖螺絲、貼貼紙等反覆性動作。」算是企業裡專業技術性質的工作嗎？派遣時薪250元，比正職員工還高。以人性管理的角度看，派遣工怎麼和正式員工發揮團隊協調性？這還真是臺灣少數企業裡，付給派遣工的超高時薪了。

　　派遣工問題已經淪為一種落後的社會勞動亂象，當政府與企業或經理人都普遍認為：「雇用派遣工是解決人力短缺的好辦法！」就是一種「亂象」（這不是「亂象」，那什麼才是「亂象」？）。沒有人重視企業正式勞工的重要性，只在乎「可以找來多少大量人力？」完成一個階段性的工作量。想想這些派遣工用高薪引進後，工作成效只能算是「以量取勝」，想要他們為企業盡到多大的責任、發揮多大的效能，都是「Mission impossible－－不可能的任務」。企業不願意為聘僱正常勞工付出更龐大的責任與義務，派遣工進來工作只想「應付」也是很正常的。以簽約三個月來看：「拼死拼活做也是這個價錢；敷衍了事的做也是這個價錢。」派遣工「只想趕快把時間殺過去！」，其實是反射了政府、企業雇主的心態「只想在短時間把工程、訂單趕完！」大家賺的都是「時機財」。

十八、投資員工就是提升企業品質與實力

投資員工不是花大錢「砸」員工，而是花時間教育訓練、栽培他們。「員工是企業組織裡最龐大的勞動團體」，素質高，企業動能相對提高；素質偏低，企業與經理人將感受到「事倍功半」的無奈。

企業中某些工作對學歷的要求不高，而且從業者多為年輕人，因此，經理人針對員工安排的在職教育、社會教育，變得格外重要。許多年輕人加入一個企業，並不是因為「興趣」或是「唸過相關科系」，而是因為沒選擇升學，提早出社會賺錢。這時經理人除了身負上司的角色，更要扮演一個老師的角色，好好引導。。

不可否認，很多年輕人沒有選擇升學，是因為不愛讀書；但不代表他們在職場上不能出人頭地，擁有自己的一片天。這些年輕人進入企業後，經理人不僅要規畫提昇他們從業的職能，更要教他們學校沒教、社會學不到的事；讓他們在企業中慢慢增強競爭力，是一種無形的投資。當這些年輕員工更具競爭力時，自然就會成為公司長遠發展最好的資產。特別是一些服務業，給人好感就能得到加分。絕對不要輕忽員工「質」的重要性。

企業與經理人總是對外聲稱：「人是我們最重要的資產。」卻在態度、觀念、想法上，擺脫不掉員工更是成本的感覺，而且是巨大的成本！實際上，他們也是這樣看待員工的。企業的獲利下降要怎麼應

對？首要對策，無非是裁員、減少訓練費用、縮減營運規模、減少工作時數、放無薪假……等。

　　教育訓練、栽培員工，真的是企業必要、又不該忽視的事。我們試想：「把企業員工組織視為一支軍隊，軍隊編制有1000個士兵，分別會暗殺、爆破、潛水、狙擊、格鬥、偽裝，絕對比2000個士兵只會拿槍亂射、東躲西藏，來得高明多了。」員工素質精良的工作成效，是可以預期的，但大多數的企業與經理人，卻還是難免忽視它。

　　經理人為了「長遠的企業品質及目標」，應該規劃「定時」對員工進行在職教育訓練。可能又有人會想：「時間！又是卡在時間的難題。公司裡每天趕生產跟出貨，哪裡有多餘的時間栽培員工安排教育訓練？」如果現在還這樣想，建議翻回第六章再看一次。前面已經說過：「經理人的時間管理，有其絕對的重要性。」很多事情不是「能或不能」？是在於經理人團隊「想或不想」？只要「想做，就一定能做到」。雖未必能達最高標準，但總是會帶來進步的。

　　再來要注重於提升員工的「品德教育」。員工既然是企業中最龐大的勞動團體組織，他們在職的人格品性，一定也攸關企業的文化品質。除了以企業員工規範來約束，安排額外的社會教育課程也是強化員工價值觀的方法；透過「教育」，讓員工的行為「由內向外真實呈現」，不只是「受到規範約束的節制被動而發」，更讓他們感受到「公司對員工的教育，比制約員工的規定更為重視。」。這是種人品

的昇華，不僅對企業有所幫助，甚至會擴大到對整個社會都有幫助。

　　各位有沒有看過公司裡貼著某種「警告標語」：「監視器監視中，擅拿他人物品者，一律開除！此行為已觸犯『竊盜罪』，將移送相關單位法辦並追究刑責！」跟各位解釋一下，其實這不是警告標語，是一個「可笑標語」。如果我是剛進這家公司的新員工，定會覺得「進到賊窩了！」這企業員工的「法律素養」及「道德觀念」都這麼差嗎？反之，若貼的是：「工作時間過長，將導致過勞及對身心健康造成慢性傷害，請各位同仁準時下班！避免超時工作。」我就覺得：「哇！這公司員工真了不起，企業還得為提醒員工準時下班貼『警告標語』，可見員工們有多拼……」不是嗎？

　　筆者有一個類似情緒ABC理論的想法：「人面對事情的時候，想法、態度決定了結果。如果想法、態度近完美正確，事情的結果也會近完美正確；如果想法、態度遠離完美正確，那事情的結果必也將悖離。」

※情緒ABC理論（ABC Theory of Emotion）

　　此理論是由美國心理學家埃利斯（Albert Ellis）創建。認為「啟動事件」（Activating event）只是引發「結果」（Consequence）的間接原因。不良「結果」的直接原因，是由人對「啟動事件」的認知，產生的錯誤「想法」（Belief）造成。不良的「結果」不是先於某一個「啟動事件」直接引發，而是人在經歷「啟動事件」後，產生不正確的錯誤「想法」，直接引起了不良「結果」。這錯誤的「想法」也稱為「不理性想法」。換句話說，「啟動事件」只是間接造成「結果」，真正造成「結果」的，是人對「啟動事件」的「想法」。

十九、帶出好部屬

　　經理人如何為企業與自己栽培好的部屬？如同自己經營管理企業的方法，各有巧妙不同。帶領員工就像教育下一代，員工初進入企業時都是白紙一張，經理人與主管在這張白紙上寫下的內容，決定了「這張紙」在企業內未來的價值。

　　人都有自我；經理人有那麼多的部屬，一定也各有長、短處，但幾個培養部屬的大原則一定不會變。如：注意下屬財務狀況及價值觀，適時的糾正錯誤行為……等。

1. 注意下屬財務狀況及金錢觀

　　上帝：「瑪門呀（七誡中代表財富和貪婪的「假神」），我看最近天堂的門面應該裝修一下了！這件事讓你去招標，盡量找價格便宜、認真實在的凡人來做。」

　　瑪門：「Yes！My Lord！」（是的！我的主！）

　　於是，瑪門找來一個印度人問：「天堂要整修門面，你要多少錢可以完成？」

　　印度人：「3000！工人1000，材料1000，我賺1000。」

　　瑪門：「好，知道了，需要我會再連絡你。」

　　接著又找來一個美國人問：「天堂要整修門面，你要多少錢可以完成？」

美國人：「6000！工人2000，材料2000，我賺2000。」

瑪門：「好，知道了，需要我會再連絡你。」

最後找來一個臺灣人：「天堂要整修門面，你要多少錢可以完成？」

臺灣人：「9000！你3000，我3000，剩下3000給印度人做。」

瑪門聽完欣喜若狂：「太好了！就給你做！」

這是一個諷刺臺灣人擅長包工程的笑話，有錢能使「鬼」推磨。當部屬財務出現狀況，或是過分重視金錢的價值（貪得無厭），很有可能為了錢甘願冒險，做出任何傷害企業與團隊的事。這樣部屬的人變異是很可怕的，絕對是經理人首要注意的「高風險人物」，他可能隨時為了利益變成「鬼」。然而，部屬的財務資訊狀況其實很難掌握，只能用旁敲側擊的方式去觀察，例如：日常活動、興趣、家庭環境、個人投資等因素，皆可能讓部屬面臨龐大的財務壓力，而人格突然迥異。筆者在博弈業時發生過一件事，是此種理論的最好佐證：

一位員工服完志願役士官，剛從軍中退伍，平時沉迷於球類運動的賭博簽注。沒想到他債台高築的速度之驚人可怕，短短從軍中退伍幾個月後，不但把退伍金輸光，還累積欠下上百萬的錢莊債務。為了繳付錢莊高額利息，居然異想天開大膽利用上班時間，凌晨客人較少的時段，自行使用電腦主機開分數、押注賭百家樂遊戲（註 1），

每一把下注注碼都達金額上限 10 萬元。贏了還算他走運，偏偏人倒楣時就是被鬼牽著走，半小時內他連輸二十幾把「莊、閒」，開分達140幾萬（金額與遊戲分數比例為 1：1，等於輸掉140幾萬台幣）。這員工眼看洞越來越大也慌了，假藉幫客人移車之名，偷偷「繞跑」；當班主管發現異樣後，馬上通報我跟老闆。賭場老闆都是地方上「有實力的大哥」，想跑哪那麼容易？幾個小時後就把他「緝捕歸案」。不過，他很幸運，老闆事後原諒了他，並不追究「全數」，只讓他用分期方式還了其中的30萬，當做是象徵性的懲罰。我倒是替這位員工捏把冷汗，「太歲爺頭上動土」還真是失心瘋。

　　這例子雖屬於特殊行業的個別事件，追究其終極因素，都是在「財務上面臨了龐大的壓力」，才會起了歹念。或許各位不是從事博弈業，面對部屬不太會發生這種事，那只是在職業類別上降低了風險。不要忘了，人在財務上的壓力原因有百百種，避掉這一個、避不掉另一個的。況且，部屬「搞錢」也不一定源自經濟因素，有的是權力心態膨脹使然。如前面科技廠的副總內鬼案，跟後面鴻○的回扣案，也都是要多注意的例子。

註 1：百家樂（Baccarat），是賭場中常見的撲克賭博遊戲。源於義大利，十五世紀時期傳入法國，及至十九世紀時盛傳於英法等地。時至今日，百家樂是世界各地賭場中受歡迎的賭戲之一。於澳門的賭場中，百家樂賭桌的數目更是全球賭場之中最多。

案 例

◎林百里女秘書徐可君 詐公款 9 千萬被起訴 東森新聞社會中心
／綜合報導

　　廣達電腦董事長林百里前秘書徐可君，在保管林的印章期間，涉嫌與丈夫林昭文偽造林百里的簽名或蓋他的印章，5 年內請領公關費多達九千多萬元，這些「公帳」都用來為自己添購愛○仕名牌包、名錶、鑽石或高級傢俱，板橋地檢署5日依偽造文書、詐欺罪將兩人起訴。

　　起訴書指出，徐可君(39 歲)自民國 92 年(2003)任職林百里的秘書，負責核銷他的公關禮品支出，而在民國 95 年(2006)12 月中旬，核銷一筆手機費用一萬多元，林沒拿到錢也沒有追問，徐女即開始夾帶發票以私帳報公帳。

　　徐女除了自行向公司請款外，並和林昭文(45歲)聯手偽造林百里簽名，或蓋林百里印章，將個人購買的物品發票，黏貼在報銷單上，總計詐取公司9081餘萬元。直到民國100年(2011)5 月，徐可君再向公司請領146餘萬和360餘萬元兩筆款項，廣達電腦財務主管發覺有異，向林百里本人求證後，才揭穿徐女長期詐領公款。

2. 適時的糾正錯誤行為

部屬有錯要適時的糾正，才不會一錯再錯。有些錯誤沒有立刻告訴他：「是不行的！不對的！」他會「理所當然」的錯下去，等到「想」糾正他，他可能還會應答：「以前我都是這樣做的，也沒有人說過不對呀！」當他把「理所當然變成理直氣壯」後，再想導正就太慢了。

3. 做「好工作」不是做「好人」

「把工作做得比好還要更好」本來就是屬於責任上應該做的，部屬若認為把 90 分做到100分，只是為了討長官及同僚的歡心，我覺得他還是做 90 分就好了。這樣的績效何苦來哉？如果每個人都這樣做事，企業整體的最大潛力必然也發揮不出來。若覺得都是為別人做、幫別人做，當不想的時候，是不是就不做了呢？我們面對工作的態度本應「就事論事」，若用「就人論事」，那意味「沒有把工作上的責任、極限能力發揮到最大」，只想著：「這樣做對誰好？誰會高興？」以後大家習慣就是：「看心情做、看人做。想對誰好我就做。誰對我好就為誰做。」這都是偏差的工作觀念及態度。

4. 官僚制度只能栽培出二流人才

松下幸之助：「我們把一流的人才留下來經商，讓二流人才到政界去發展。」中國歷史上「五代時期」曾經有個小國叫做「南漢」，末代皇帝劉鋹不會治國，覺得臣屬若有家室，會為了顧及子孫

不能盡忠，因此只信任宦官。造成臣屬欲被晉用必須先自宮，以致滿朝文武都是閹人，最終還是被宋軍滅國了。（連武官都是宦官，想像起來就覺得好笑，是練《葵花寶典》嗎？）（註2）

　　政治最大的特色就是－－官僚。看看電視台演的古裝劇，一個君王、權臣的後面，總是跟了群唯唯諾諾的人。這些人領的都是「統治者的錢」，但企業員工是領「企業的錢」，企業的收入都來自「商業行為」，其本質與含意是「有組織的提供顧客所需的商品及服務的一種行動」；換句話說，顧客才是最終的老闆。如果企業體制過度官僚，會把企業文化弄的像官場一樣，部屬們變得只注重企業「內部老闆」的感受（各部門的負責人），卻忽略掉「消費商品及被服務的真正對象－－『顧客』，才是真正的『老闆』。」若只是一味的討好「自己的老闆們」，對企業能有什麼幫助？官僚制度不僅讓整個企業慢慢的與外在社會脫節，還會變得毫無競爭力。這就是為什麼總經理的職責還包含了「滿足老闆（顧客及董事會）的要求並嚴格照辦，有疑慮時又不讓他們感到難堪。」的原因。企業有一流人才，若受到官僚制度的箝制，不能敢言、敢為、大膽的突破、創新思維，再厲害也只能當個「B咖」。而經理人「在商言商」的考量下，不能讓部屬事事只滿足「自己的老闆」就好了。若還不能理解官僚制度對企業的

註2：《葵花寶典》是金庸小說《笑傲江湖》裡的神功祕笈，內容開頁就記載：「欲練神功、必先自宮。」

不良影響會有多大？不妨回想一下我們政府的「行政效能」吧……

5. 適當的服裝儀容表示尊重、精神與專業

　　我在知名的臺灣大企業內，看到一些幹部每天上班就是穿了條休閒短褲，上面穿T恤，腳下則是穿雙襪子配涼鞋，天冷頂多加個厚外套。我倒不是對他們這樣的穿著有什麼意見與不滿，只是覺得把襪子脫掉後，這樣穿跟「睡衣」有什麼差別？當然，我個人不會要求部屬一定穿的金玉其外，但是起碼給點精神與尊重吧！T恤、短褲、涼鞋配了雙襪子後，就當成是上班的穿著，會不會太兒戲了點？

　　「穿衣服，看場合」連高中生都應該知道，適當的服裝儀容除了讓自己形象加分、表現精神與專業形象，還影響公共關係與人際交誼。雖然穿T恤配短褲不會影響工作能力，但是讓人感到沒精神，也覺得對工作不夠尊重。如果公司長官上班每天穿著襯衫、西裝褲、皮鞋，我卻是一身T恤、短褲、涼鞋，大家坐在一起開會，場面看起來就是「怪」。男人也不一定穿了西裝就表示正式，穿起西裝後打條米奇老鼠、蝙蝠俠圖案的領帶也會讓人貽笑大方，所以說要「適當」。

　　以前做服務業，公司多會規定穿的服裝是西裝褲、白襯衫打上領帶，秋、冬兩季會冷就多搭件西裝外套。有次放假，我經過公司順道巡視，看到一位年輕的當班主管，穿的外套居然是「圓領黑色中山裝」，白襯衫連領帶都沒打；教人看了是好氣又好笑，當下還真不知道該怎麼跟他說才好，只好用開玩笑的口氣對他說：「主任，你今

天穿錯鞋了！這樣的服裝搭配木屐最適合。」這主任也不算笨，馬上去打起領帶換上西裝，重新整裝後來問我：「經理，上班穿中山裝不算是正式服裝嗎？」我笑笑的回答：「算呀，所以明天公司要給服務生訂製燕尾服了。」想想怕傷到他的幹部尊嚴，我趕快修正自己的態度、語氣：「所謂正式服裝有很多，該注意的是『適當』。穿中山裝上班面對客人並非不正式，是不適合；有的服裝不是不能穿，是不適合穿。糾正你，不是因為我氣你違反公司規定或想讓你難堪，而是希望你成長。」

6. 有禮行天下，無禮路難行

現在科技資訊普遍發達，智慧型手機都有地圖導航功能，我們已經很少因為迷路而問路了。倘若真的迷路了需要問路，當然不會抓了個路人就說：「喂！101怎麼走？」我們一定會說：「抱歉，打擾一下！請問101怎麼走？」客氣多禮的態度行為，為的是讓我們早點到達目的地。

工作上與人共事也是一樣，先不論內部職務位階的高低，待人接物本皆應有禮，才能快速方便的達到工作目的。若是經理人交辦工作給部屬執行，部屬只是拿著經理人的頭銜去跟人「硬喬」事情，只會徒增檯面下多餘又看不到的困難。態度不好、愛打官腔，人家當然可能暗地裡刁難，為了減少不必要的麻煩，教育部屬「時時保持禮貌的態度行為」。

7. 只要功勞不要苦勞

「我在公司那麼久了，沒有功勞也有苦勞！」真的是這樣嗎？看看那些「有功勞也有苦勞」的人，這些人要怎麼辦？這話千萬不要說，那只會凸顯自己連一點利用價值跟競爭力都沒有。企業在商場上競爭、求生存是很艱難現實的，通常「都只要功勞不要苦勞」，要論苦勞的話去掃廁所，或風吹、日曬、雨淋守大門就好了，千萬不要成為企業組織裡參與競爭的「正式成員」。

8. 功勞留給部屬、過錯自己承擔

經理人對功過與否應保持「超然」，只求良評留予人心，千萬不要「黑鍋下屬揹、功勞自己吹」。身為一個經理人不該太在乎「領功」這件事情，除非是「工作獨立的經理人，職責不包含領導團隊」，企業只重視「個人」的績效。不然，經理人若有帶領工作團隊，首重還是以團隊能力、榮譽、績效走向為主，才能展現他的領導力和團隊，在任何艱鉅的情況下，都能具備良好獨立的執行力與競爭力。同時，也要教育部屬傳承這樣的理念與精神。

經理人每天要見高層、做報告真的是很累（亦可說很耗時），若部屬太少接觸高層，一看到長官必是緊張的要命，做事、說話也慌慌張張，久了會讓部屬太過依賴，也會弄的自己像褓母一樣。建議不如乾脆「直接指導、間接參與」，教他們把工作做好，做完後自己去向長官做彙報。

副總：「經理，上次交辦你去處理的產品良率提升方案，結果執行的如何？」

經理：「報告副總，我當時執行客戶滿意度的調查工作，這件工作我委由主任帶領其他幹部執行，據我追蹤了解他們已經完成了，並且完全達到您要求的良率百分比。稍候我請他們自己向您匯報過程與結果。」

經理：「主任，上次副總交代的產品良率提升方案工作結果，等等你們有參與的幹部，把資料整理一下自己去副總那做報告。」

主任：「經理，那個案子我都是照你的指示做的，怎麼……怎麼會是我去跟副總做報告？」

經理：「我只是指導你們做，又沒直接參與；真正完成的人還是你們，當然由你們報告執行的過程跟結果。順便在副總前面露露臉，讓他多認識你們，對將來的升遷也有幫助。」

矯情嗎？不！經理人心裡真正該想的是：「手邊工作一堆，還要報告下屬的工作結果，到底是要多忙呀？」已經是經理了，跟部屬搶功幹麼？畢竟都已是「幾人之下、眾人之上」，身為企業經營管理階層的核心成員還求什麼？只要幹部與員工們務實地做好每項工作，不要為公司和同事帶來多餘的麻煩就好。日子久了，長官也會看出這樣做別有苦心，為的也是部屬好。雖然他們心中不見得會認同，有些工作是部屬們獨立完成的，但是請相信我：「他們絕對樂見這些員工

在企業中成長的過程」。

9. 不懂、不會請坦白，但別「ㄍㄟ敖」

孔子說：「知之為知之，不知為不知，是知也。」意思是：「懂得就是懂得，不懂得就是不懂得，這才是坦白求知的態度」。賈伯斯：「Stay Hungry，Stay Foolish.——求知若飢，虛懷若愚。」部屬若連自己能力可以做到哪？自己都不能知道，那要怎麼求進步把工作做得更好？我個人難以忍受同仁跟部屬「假會」（台語：ㄍㄟ敖），這真的可能踩到我個人忍耐的紅線，讓我很「賭○」！工作上不懂又愛裝懂，會浪費大家很多的「時間」。

有次製造部門的機器突然壞了，造成產品無法繼續生產，影響到公司排定的達成產量。技術部門主管知道情況後，就問底下四個技師有沒有人能修好？其中一位最資深的表示：「『一定』修得好，讓機器達成公司要的產量。」這技術部門主管聽了技師信心滿滿的「口頭保證」，不疑有他向上回報：「Very Good！沒問題！不用通報廠商，技師一下就能處理好！」隨著這位技師從「一副裝模作樣到最後一事無成」，我還真想封他為「唬神」（台語：蒼蠅）。把大家都唬得一愣一愣的！機器沒有修好也就算了、維修廠商也沒人通知、當天產量也沒達成，主管被他害得還讓上面長官消遣了一番：「ㄍㄟ敖嘛！」

當初聽完這故事直覺真的很好笑，倒不是我幸災樂禍，是因為我帶的部屬從來不曾發生過這樣的事情。跟我共事的第一天，我就告

訴他們：「不會的事情就請說不會，不懂的事情就請說不懂。不會、不懂又不老實說，在我看來就好比是一種欺騙！」

10. 升遷不用太高興

個人頗難認同因為升遷就感覺很高興而「大肆慶祝」，升遷值得高興嗎？是因為準備「大撈油水」了嗎？還是到達「人生金字塔頂」登峰造極了？升遷不是因為份內工作做得好，是因為公司認為：「你有潛力勝任更困難的工作！」如果份內工作做得很好，公司只需要用獎金鼓勵一下就可以了，何必升遷呢？

在企業裡，升遷不過是一個激勵人更進步的獎勵措施，距離巔峰還差得遠了，就算爬山登頂了要慶祝，也得等下山來吧！誰看過有人挑戰聖母峰到達峰頂後，在上面開香檳、切蛋糕、辦派對的？若只想著帶著香檳跟蛋糕，還有一堆雜七雜八的東西，準備在「登頂」後大肆慶祝，這已先確定了一件事：「永遠到達不了！」職場升遷就像爬山一樣：「越高越是艱難。」想爬的高、挑戰就越險峻，面對眼下越來越艱難的挑戰，如果抱持「好開心、好興奮」的心態，還是不要爬的好。沒有戒慎恐懼的心，很容易一不小心就會摔個「粉身碎骨」。

某天，有位同仁從員工升任到了「組長」的職務，這位同仁可開心了！不僅用FB昭告天下，還包下KTV的豪華包廂，邀同事去為他的升遷大肆慶祝。沒多久這消息傳到了我這，我很誠懇的告訴他主管：「他升遷的這位員工，這輩子就是準備只坐到這個位置了！」他

主管與我共事很久了，聽得出我的意思。「一個人在企業裡從最基本的基層員工，升到總經理再到光榮退休，另一個是從較低的職務升到較高的職務，哪一個比較值得慶祝？」這種行為就是反映了一個人的「格局」。如此小幅度的升遷，部屬若可以感到無比滿足跟快樂，再怎麼栽培都很有限，因為他的眼光太狹隘了。告誡您的部屬：「人生路很長，目標要遠大！」

二十、經理人躲不掉的權力鬥爭

　　義大利作家卡爾維諾曾在著作裡寫到：「在一個人人都偷竊的國家裡，那些不去偷竊的人就會成為『眾矢之的』，成為被攻擊的目標。因為在羊群中出現了一隻黑羊，這隻黑羊就是『另類』，一定會被驅逐出去。」

　　職場上的權力鬥爭問題總是在所難免，尤其在成為一個優秀的當權者和決策執行人後。這個問題儘管你想避開不去觸碰，偏偏就是有些「瞎子提燈籠」的自己找上門，特別是內部的權力鬥爭、部門之間的較勁、競爭對手的挑釁。「鬥爭」本來不是經理人的「份內事」，但曾幾何時，它卻成為了經理人「不該」卻「必須具備」的「防身術」。

　　2013年的日劇《半澤直樹》一句經典台詞：「人若犯我，我必犯人；加倍奉還，十倍奉還！」（註1），引發臺灣社會大眾的討論及熱烈迴響。不難看出許多人在面臨職場鬥爭的無奈及不滿，藉由電視劇情將情緒反應出來。可是現實工作中，我們真的能「加倍奉還，十倍奉還」嗎？這個答案，我想是要「因人而異」。

　　筆者先分享一個個人心得：「不管職場位階多高，從鬥爭的開始到結束，不論成敗，引發的那方絕對是『下等人』。真正『大智慧』的

註1：日劇《半澤直樹》描寫於泡沫時期入行的銀行員半澤直樹，與銀行內外的「仇人」戰鬥的故事。

人，不會浪費這種時間」。智慧卓越的人，遇上權力鬥爭問題想離開公司，企業是留都留不住的。「上等人」眼光一定看的很「長遠」，對於「公司大門裡面的世界」怎麼可能會很在乎？企業內部的權力鬥爭若是嚴重擴散，還會形成「劣幣驅逐良幣」的效應（註 2），最終只會剩下一堆劣經理人、劣幹部、劣員工企業絕對100%的向下沉淪。

一個優秀的經理人工作重心是「專注做好企業經營與管理的事務」，內部權力鬥爭只會引發不良連鎖反應，連帶牽動自己的團隊，勞民又傷財，還是別觸發為妙。可「忍一時風平浪靜，退一步海闊天空。」有空，看一下企業周圍吧！到處還有強敵環伺，何不留點力氣去對付「大門以外的世界」？別為「滅自己一人之患，絕內部四方之望」，凡事終究要以企業的大局為重。

1. 當麻糬別當刺蝟

工作環境裡存在各式各樣的人，部屬可以自己教，長官與同僚不盡理想、百般刁難，就必須「忍」。不管再如何努力重視工作環境，提升員工的素質、人格，也只能改變自己環境週遭的真、善、美，達不到「世界大同」的理想。面對他人的情緒失言及態度失當，不妨多點包容，別去做過度的反應與聯想。職場裡當個麻糬，絕對比

註 2：古羅馬時代，人們把貨幣充當買賣媒介，會私自從金銀錢幣上削下一小角；貨幣因破壞後、本身的貴金屬含量減少，貨幣的價值也減小。久而久之，人們很快就覺察到市面上的貴金屬貨幣越來越輕，就把未遭損壞的足值金銀貨幣收藏起來，反而偏用那些劣質幣進行買賣，這些劣幣就慢慢把良幣從經濟流通領域中驅逐出去。

當刺蝟更受歡迎。

2. 大庭廣眾下擁抱討厭你的人

「人紅必遭嫉，樹大必招風。」有些人就是見不得人好，你做的越好越多，他就是越看你不順眼。「想還以顏色嗎？」不！一定要趁開會或人最多的時候，找機會稱讚他、遷就他、感謝他，有機會還要給他一個大擁抱（同性之間可以做，異性就不用了，逮著機會還告你性騷擾）。也許你又想：「幹什麼呀？他這麼討厭我，我還要捧他？拿熱臉貼冷屁股？」對！不但要貼，還要發自內心的貼。雖然，你我都知道，它就是假的，但把假的做到越像真的越好。這是要做給別人看的，讓人們知道你是多麼的友善、寬宏大量，藉以建立起週遭輿論防堵他的一切攻訐。別人會想：「他就老是說你壞話、討厭你、批判你，你怎麼這麼大量？還時時稱讚他、遷就他、感謝他。」不妨試試看，長期下來誰會占優勢？（不懂，就聯想你是個「立法院長」、他是個「總統」吧！）

3. 同門較技，留力不留手

這句話是出自詠春拳門派的武訓。意思是同門互相練習的時候，在招式上不應保留能打就要打，可以有位置攻入對方就要攻入對方，假設你留手不正常攻擊對方的話，對方就無法得知自己招式上的空門缺口。從另一方面看，雖然自己覺得應該可以攻到對方，但由於人是生動靈活的，會對攻過來的招式作出應對、攔截、還擊，因此

攻擊是否有效亦需有待印證。雖然練習時不用留手，要真的做出攻擊，但要留力不把對方打傷。大家互相練習是為求熟練招式手法，好達到招發自然的境界，因此出手完全不能帶有仇怨成分，必須愛護對方、尊重對方，不應使對方受到傷害。只有互相尊重、互相愛護的練習態度，功夫才可得以增進。

把它拿來比喻企業「部門與部門之間的競爭」，再恰當不過了！競爭是企業內部團隊之間稀鬆平常的事，為求更大幅的進步，利弊、得失不應刻意的去計較。但當競爭變成意氣之爭後，哪怕一點芝麻綠豆大的事，都會被對手拿來無限放大、過分檢視。

任何形式的競爭，無非是以「實際的優秀成績」做為勝出條件，並不是去抨擊對手的缺失說：「他哪裡不好、做了什麼不該做的事，我沒有做就是比他好。」這觀念是不對的，比好又不是比爛，應該是想別人哪裡做得太好了，該怎樣盡力去超越他？把這個事情做得更好！大家彼此相互競逐以求得進步，就是在工作上的「留力不留手」。別抓著同事的弱點使勁猛批，放著好的優點卻假裝沒看到不去學習跟進。

4. 對同事好人做盡，對威脅壞事做絕

人真的很難懂，儘管我對他的態度良好，請吃炸雞排、喝珍珠奶茶也沒漏掉他，他還是討厭我；有機會就稱讚他、遷就他、感謝他、還給他一個大擁抱，他還是討厭我；公事的競爭上都對他「留力

不留手」，他還是討厭我！以上這類情形都別太在意，做同事有今天還不知道有沒有明天？怎麼說，都是同事一場，不是仇人。不要學電影《艋舺》裡面的黑社會：「今天你不弄死他，明天他就弄死你！」千萬別把同事當成一種職場威脅來看待。

案 例

20 年前南部某私立商專企管系主任，利用職權陸續無故解聘學校從國外聘請來的講師。追究原因，只是這些老師拿的是國外名校文憑，讓這個系主任倍感壓力，於是開始臆測猜想，這些老師可能憑藉外國名校高學歷光環，進而慢慢威脅到自己系主任的地位。為了鞏固自己的權力，該主任利用職權發動底下一、二十名教職員聯合抵制這些外來講師，亂排教學課程（企業管理的老師排課去教微積分，夠不夠亂？）。此外，利用校務會議這些老師沒有與會的空檔，在校長面前抹黑攻訐他們，提出表決要求拒發續聘聘書。

後來有位老師很不服氣，堅認自己行得端、坐得正，不該受到這樣的待遇跟羞辱，一狀告到在台北的董事長那裡。董事長接到投訴後親自南下學校徹查，才發現近幾年學校認為優秀而聘雇的老師，「巧合的」陸續遭到解聘，才讓這起進行多年的「人事解聘陰謀案」曝了光。老師們的清白正義雖然終於伸張，可是學校的名聲已經無法挽回。實在很難想像，為人師表又身兼教育幹部的背後，也只是為了權力、道貌岸然的偽君子。

二十一、服務無成本，真誠更無價

企業最省錢、最好的生財器具是什麼？是真誠的服務。自然而為，「素樸而天下莫能與之爭美。」

1. 對客人好不用成本

客人蒞臨的那刻起，所能做的消費都已經有了定見。對客人好本來是應該的，多兩句的關心問候，用心到位的基本禮貌，其實不會占用太多的時間成本，更不會多出物質成本。

2. 對客人笑不用成本

想要「足球金童 貝克漢」對我們笑一個，必須要有大把的鈔票請他來代言廣告才有可能。服務人員不是「貝克漢」，若看到客人與服務客人還不能展現 「笑」，可能真的就要變「被客悍」了。美國鋼鐵大王－－查理斯‧史考勃：「真正值錢的是不花一文錢的微笑。」我們都只是一般人，笑容不值錢，但滿帶著笑容服務客人，某種程度上是可以為服務工作加值的。

3. 快速、積極服務，注意客人需要，不用成本

「客人沒水了。快倒水！」「客人起身找東西。馬上問一下需要什麼？」「客人想要諮詢些問題。快主動上前搭理！」這些也是服務客人時基本該注意的事，用點心思就能察覺、做好、不用成本。若反其道而行，員工不積極，動作慢吞吞，讓客人等的不耐煩，大半天看

不到人來。隨著時間流逝，公司的形象分數也跟著流逝……。

4. 客人永遠是對的

「客人永遠是對的！」很多企業都開始強調，並要求員工做到「無條件認同它」。但是員工也有自我情緒，與客戶意見、立場不同時，偶爾有點「小小爭論」在所難免。但在好樂迪KTV的員工規定裡——不要跟客人爭論，客人永遠是對的。這「天條」員工一旦違反，是可能會懲處的。某次工讀生天真地問我：「客人真的永遠是對的嗎？」怎麼可能！有的客人三杯黃湯下肚，站都站不穩、說話又含糊，行為比盧小弟的弟弟，盧小小還「盧」。我知道這樣的規定有點不近人情，但服務業敞開大門做生意，客人真是得罪不起，他要盧，就讓他盧吧……萬一他在現場發酒瘋，大吵大鬧影響到其他的客人，公司生意還要不要做了？

有件事情現在想來很有趣，當時卻很緊張，是我在KTV從業時發生的。一次不知道哪裡來的「大哥」，喝酒喝到一半，手上拎著把「手槍」從包廂晃出來，一路晃到大廳嚷著要找人「輸贏」，他朋友酒酣耳熱之餘也都沒人發現。情急之下，我邊跑他包廂找他朋友、邊用無線電警告員工：「不要靠近！他手上有槍，這時不管他說什麼、做什麼！絕對是對的！」在我告知他朋友後，一群「兄弟」急忙衝到大廳，趕緊把他送走了。事後還不斷向我道歉解釋說：「他喝醉了！那是玩具槍，不要報警……」（鬼才信！）

二十二、服務的主角——「客人與員工」

態度、速度、服務反應，相加的總和就是「服務周到」。服務周到之後，還要做到——保持服務工作品質的穩定度及一致性

服務——客人蒞臨、員工上前做良好互動，很一般的服務運作模式。只要員工有效率的滿足、完成、客人的需要，就能有更多時間做好其它事、服務更多的客人，讓客人因為感到滿意而再來消費。往後幾個章節，我會陸續以服務工作量最多的「餐飲服務業」來做引述。

臺灣服務業的薪資所得水準算中間，高中職應屆畢業生一畢業就投入，跟大學應屆畢業生到公司行號上班相比，一樣有 22 K，甚至是以上的待遇。要是肯做、肯學，企業經營規模不是很小的話，還有升遷的機會。努力認真個兩、三年，薪酬可能比大學畢業生好，唯一缺點就是「辛苦」，別人在吃喝玩樂時就是他們的「勞動顛峰時間」。但從業人員及幹部的年輕化，缺少社會歷練，容易耐不住性子、應對不夠沉穩，近幾年我開始感覺「服務業的品質漸走下坡」；當然，也可能是我太挑剔，以下提出幾個實例供參考。

先從我家附近的「○茶道」飲料店說起吧！這家店裡的服務人員都是年輕小妹妹，就是因為年輕，女孩兒之間好像永遠有聊不完的話題，我都走到櫃台前了，兩個女孩還是嘰哩呱啦、嘰哩呱啦的聊著……連聲「歡迎光臨」都沒有。

我：「兩杯綠茶，微糖少冰！」

小妹妹：「蛤？」（回神了！本來還在嘰哩呱啦……）我再說了一次；

小妹妹復誦：「兩杯綠茶微糖少冰，先生這樣跟您收 50 元！」

後來我去了幾次發現，只要她們在聊天，點飲料我都要連說兩次。點東西的時間，快跟她們做飲料的時間一樣長了。（她們製作飲料的動作超快！可能為了趕快搖一搖，繼續聊吧！）

現在，我一走近櫃檯發現她們在聊天，就自己喊：「歡迎光臨！」（兩個「咩」馬上用「誇丟鬼」的表情盯著我），接著說：「小姐！我要兩杯綠茶微糖少冰，請跟我收 50 元。」（都不知道是誰服務誰了？）這段是我掰的，但想像一下，畫面是不是很好笑？

服務業為什麼會要求員工，客人一上門就要喊：「歡迎光臨」？因為要服務人員注意到：「客人上門了！集中注意力，好好接待客人！」像上述那樣客人都到面前了，還可以旁若無人的繼續聊著天，這服務能讓顧客感受到用心嗎？無價嗎？（真的「無價」咧……毫無價值！）

後來這家店的隔壁開了家「清○」，索性喝喝看它們最有口碑的——現點現做招牌○○檸檬黃金比例。「嗯！第一次上門印象真是不錯，門口還有長板凳可以坐，不用站著乾等，店家真是用心。」

店員：「你好！歡迎光臨！先生需要點什麼？」（服務親切有

禮，也不會跟我「蛤？」）我：「一杯招牌○○檸檬黃金比例。」

　　店員：「招牌○○檸檬黃金比例一杯，這樣跟您收 55 元，這是您的號碼牌，旁邊稍坐一下，我們都是『現點現做』好了會叫號碼。」

　　五分鐘過去、十分鐘過去……心想：『難怪要放長板凳！飲料也做太久了吧！』終於傳來了一個聲音……「196號！196號！」。「我！我！I am here！」突破了櫃檯前的「等待人牆」後，終於拿到了！但從此以後，我就再也沒去買過。

　　很多企業在經營上沒有考慮到顧客心理：「產品好不好用？」「東西好不好吃？」「價格便宜或貴？」隨著每個人的喜惡、經濟能力不同，感受與評價一定不同。唯一可能評價接近一致的就是「服務品質」。服務品質我概括如下：

1. 態度

　　服務態度像我說的那兩位「美眉」那樣，不知道您受不受的了？我是受不了（筆者個人職業病），但後面那位店員我可以接受。相信一般社會消費大眾也不會特別期望業者服務態度很卑微，時代總在進步，人的觀念也隨之開放，過於卑微的態度，難免給人直覺是刻意營造的。

　　某知名火鍋業者的服務生上菜會用「單腳半蹲姿勢」，服務完還會 90 度鞠躬，第一次去消費時，我真被服務生「突如其來」的大動作嚇到。對客人表示尊敬沒有不好，但員工把服務態度做到：親切

大方、細微貼心、自然真誠即可。過度的卑躬屈膝，太過商業化，失掉服務業「以人為本」的精神。光講求「外表身段很柔軟，態度行為制式化」，不免像「機器」。

多年前我在新竹的「滬○○海湯包」請幾個客戶吃飯，因為常去所以跟餐廳人員很熟。那天去的時間太早，餐廳表示還在做準備工作，便讓我們先入座看菜單。我跟餐廳領班要了支筆跟點菜單，讓客戶看要點什麼先寫，寫了兩樣菜後，過來了位新來的假日工讀生，主動說要幫我們點菜。接過我們的紙筆後他看了看，攔下身邊走過的一位同事，接下來「驚人」的事發生了；他居然就站在我們的桌邊，笑笑的用正常音量跟同事說：「你看，這個字像不像你的字？我剛剛還以為是你寫的。」當下我跟客戶都傻眼，我立刻板起臉孔瞪著那位服務生，心想：「哇哩咧～主管沒有教嗎？先不管客人字寫的美或醜？在客人面前談論客人都是不對的！」結果買單時客戶把事情抱怨給了他們主管，表示服務人員的這種輕佻態度以後不會再來消費了！我自己是一臉尷尬，請客戶吃飯，卻被一個假日工讀生洩了面子。

這不「白目」嗎？員工年輕不是壞事，但態度輕佻、隨便，得罪客人、影響公司就不是好事了。

2. 速度

服務速度像之前那兩個妹妹真是「一流」，要像後面那個業者真是太慢了。業者若把等待時間長，歸咎於「現點現做」，公司經理

人一定要進修一下經營管理課程，連SOP的「高效率」都沒做到。臺灣的業者跟消費者都迷思於「排隊的產品就是好」，但大排長龍買東西就真的表示產品好嗎？不一定！「隨著每個人的口味、經濟能力不同，感受與評價一定不同。」您一定也有過：「東西明明就還好，還排隊排成這樣」的經驗。有的產品公認評價真的很好，業者讓消費者排隊買就是天經地義？那倒也不是。又說到像「母親節」這樣特別的節日，到哪用餐都得排隊，也就不能算在此列項目中。

業者之所以會選擇投入市場經營，主要的原因還是來自「商業因素」；主因既是商業因素，就應該思考：「怎麼把服務速度提升，在最短的時間內完成更多交易？滿足更多客人？讓賺錢速度更快，可以賺更多的錢？」以下邏輯供參考：「假設有 20 位客人排隊買東西，業者每次完成一筆交易的時間是 1 分鐘，第 20 位客人就是要『等』20 分鐘。如果能縮短時間，完成每筆交易只花 30 秒，到第 20 位客人只要等 10 分鐘。以此類推，一樣 20 分鐘，可以完成 × 2 的交易量！賺取 × 2 的業績！」

交易時間拉太長，對業者長期經營是不利的。不妨想想：「願意花 10 分鐘排隊買東西的人多？還是願意花 20 分鐘排隊買東西的人多？」隨著排隊時間拉長，肯花長時間排隊買東西的客人，只會越來越少！一開始，客人或許是新鮮感使然，但過了一年後，「新鮮感」還會在嗎？如果業者忽視交易的時間長短，不去改進，無形中流失的

商機是看不到的。（除非是很有個性的業者，覺得：「要買就排、不買拉倒」，可以當我廢話。）

前陣子我看了篇文章，作者是Sean Huang，他文章裡面有段話是這麼說的：「所謂的爆紅是這麼回事：當群眾要追捧你的時候，你再怎麼展店都來不及賺；當群眾棄絕你的時候，你再怎麼關店都來不及賠。所謂水能載舟亦能覆舟。」我非常認同這位「智者」的說法！隨著生意興隆、等待時間拉長，願意用長時間排隊消費的客人，只會越來越少。奉勸經理人千萬別忽視「長期讓客戶等待的問題」，讓「爆紅」反過來成為砸了招牌的「石頭」，眼睛別只是看著排隊人潮，周圍來來去去不願排進來消費的人一定更多。

3. 服務反應

先解釋什麼是「服務反應」？服務反應就是「迷你版」的危機處理應變能力，跟危機處理差別之處：「危機處理多是發生在『不可預測的情形下引發的大型負面效應』，造成企業或經理人必須被迫面對，做出一個完善的補救措施。」而服務反應是：「一般工作人員在平常的工作中，『可清楚預見或偶爾發生的零星小型客戶抱怨及反映事件』。」簡意的來說，服務反應因為「事件可清楚預見或偶爾發生」，經理人們能事先教育員工、訓練他們：「如何在最快的第一時間？直接對客人做出最有利於自己的固定模式來回應。」這類型的應對方法因為比較簡單，又不會對企業造成太大的負面影響，所以

可以透過教育訓練員工，讓員工在面對客人發生疑問或抱怨的「前、後」直接做處理。

舉個很簡單的例子來看：某間高級西餐廳的一位客人，點了一客580元的菲力牛排，餐點送上桌，瓷盤上的配菜是：一小塊地瓜、一顆紫蘇梅、一小撮豆芽菜。當客人看到後說了一句：「580元的牛排配菜就這幾樣便宜貨？連個荷包蛋跟麵都沒有？」於是服務人員急忙誠懇的解釋：「先生！這幾樣配菜是本餐廳主廚試菜後發現『味道最能搭配本店所選用高級肉質的食材』，您不妨分開搭配著牛排嘗試一下酸、甜、清爽的口感，也可以給我們更多寶貴的意見！」

很顯然的，這位服務人員絕對事先受過公司的教育訓練。那位「YES級」（夜市級，話說「加荷包蛋跟麵的牛排」高級西餐廳哪裡吃得到？那是臺灣夜市特有的小吃。）客人有點抱怨，他馬上知道怎樣應對，幾個爛配菜都被說得跟真的一樣！

的確，服務人員言過其實了。但業者總不能叫服務人員把餐廳的品質成本、人事費用、開銷、租金逐樣細算出：「菲力牛排是如何定價為580元的」給那位客人看吧！所以服務人員用了一套「聽起來專業」卻毫無實質意義的「套話」，立即對客人做出「反應」；客人聽了接受與否？那就之後再說了。（大不了又是呼叫經理、呼叫主任……）

服務人員若能在最短、最快的第一時間，對客人的疑問與抱怨

「靈巧的」做出反應及處理，就是掌握了對自己有利的一半先機。我們可以再想像一下，客人一樣說：「580元的牛排，配菜就這幾樣便宜貨？連個荷包蛋跟麵都沒有？」服務人員：「…………」（傻笑、摸頭、假裝很忙……）後者比起前者，哪個反應好？相較之後，應該不難看出我論述「服務反應」的意思。

另外，大家都可能去過某大「M」速食店，點個幾號餐點在等現做時，服務人員怕客人因等待會「小不悅」，主動先送上一小杯汽水請我們喝，並表示稍候一下；這也是一種服務反應。但這類型的服務反應模式於行業別的不同，前、後應對方式也都不一樣，我就不在此列舉了。

4. 周到

一次我去TOI星期五餐廳吃飯，點了「紐奧良烤雞〇飯」，結果送來了「紐奧良烤〇雞」；我立刻反映菜送錯了，服務人員看了點菜單說沒送錯，我說那就是你們點錯了（客人永遠是對的）。服務人員不疑有它、立刻道歉，並請來主管，送上一張凱薩沙拉招待券寫著：「此招待券可與其他優惠重疊使用。」兌換有效日期：「無期限。」接著解釋說：「為表達我們點錯菜，可能影響您與朋友一起享用餐點的興致，為此疏忽我代表公司深感抱歉！請您收下這張招待券。您要的餐點我們已經在努力盡快重做，馬上就好！請您耐心稍候。」

這間連鎖餐廳出餐是有標準程序規定的，同桌客人餐點上桌時

間要盡可能一致，不得間隔太長。當下聽完這位主管誠摯的道歉，我差點感動落淚！點錯菜其實也沒什麼，怎麼弄的大家為我勞師動眾？週到嗎？還沒完呢！餐後結帳時，玩活動抽折價券，業者硬為此事讓我多玩了兩次。（真是會投資客人，又是招待券、又是折價券的，我當然還會再去消費。）

危機也是轉機！唯一不變的是：「彌補做錯的事，比一次做對事更花時間跟成本。」不過從這件小事上，可以看出它們為什麼曾經在2006年得到「美國最偉大品牌獎」。在態度、速度、服務反應上（三者相加的總和就是「周到」），比起很多同業都略勝一籌。

5. 服務工作品質的穩定度與一致性

客人上門不管是買 30 元的東西、50 元的東西，服務都該是一樣的！業者有賣，所以客人才會來賞，不應該因價格高低對客人服務有大小眼；這點連名牌精品包包的業者都會犯錯，不信去「信義區」的精品店觀察看看，若客人問 8 千塊的皮夾跟 8 萬塊的包包，服務人員的態度就可以從「小細節」感覺到差異。

一次過年，我跟母親在嘉義小有名氣的神○牛排館吃飯，我們點了牛排 5 分熟，結果足足等了 30 分鐘。後來，還是把服務人員請來小抱怨一下，牛排才終於「功德圓滿」上了桌。期間我注意到隔壁桌的客人，跟這間餐廳的主管好像是舊識，從進門後服務就特別好。桌上又是招待的現榨果汁，又是擺盤漂亮的水果盤，讓我很不是滋味，

直覺這個現場幹部真該去寫辭職信了！你放著服務有疏失的客人不招呼，老巴著自己朋友幹麼？各位若是老闆，能接受現場服務人員只管招呼自己朋友嗎？（抱歉，我太激動了！其實，我應該這麼說……）

　　企業的服務對象是每一個「可能消費者」（又稱之為潛在消費者），更遑論「已消費者」，豈能因為「我認識誰，就特別招呼誰」？來者就是客，哪怕只是來借廁所的。「經理人的目標就是要刺激客人『做消費及再消費』，不論是『已消費或未消費』。」若是旗下員工想說『來者』不消費、我就不招呼，擺出一副愛理不理的樣子，以後『來者』想消費還會來消費嗎？服務業不能這種態度待人，服務品質要維持穩定度與一致性，千萬別想：「他又不是我客人！」

　　再說一個小故事；有次朋友突然來訪，約了我去一家自助百匯餐廳見面。問題是，我才剛吃過飯哪裡還吃的下？進去後，上來了位服務人員問：「您要用餐嗎？」我說：「不，我吃飽了！找人講幾句話我就走。」他帶位完後過了3～5分鐘送上一杯果汁招待我喝，並請我「慢慢坐、慢慢聊，不用急著走。」這服務品質多優呀！隔了兩天，我就去消費了一次，還遇到這個服務人員。我向他表示，那天的服務態度太好了，今天我才會「想」來。他則是禮貌大方的對我表達感謝，並希望我以後常光顧。

　　現代社會普遍重視高學歷，大學畢業已經是基本學歷了，碩、博士的比例也比過去十年高出很多。但一些長輩對於餐飲、娛樂等

服務行業的看法較趨於傳統保守，很多家長認為：「做餐飲服務業就是端盤子、看門（領檯）、看客人臉色。」子女唸到大學以上，多不會鼓勵孩子從事這門行業。甚至可能會說：「爸媽辛苦供你唸到大學畢業，要你端盤子、伺候別人幹麼？那國、高中畢業就能去做了！何必讓你唸到大學。」對於家長有這種想法我能體會，誰不希望自己的孩子能進到台積電跟鴻海這樣的大企業發展？但俗話說：「民以食為天。」有些餐飲、娛樂業的市場及未來潛力還是無限的。想想，有誰是不需要靠吃飯來過日子的呢？

二十三、經營不要讓顧客—「等！」

時間對每個人來說，都是寶貴的！一個總是讓顧客「等」的業者，「主動」服務的「神經」形同麻痺。每每看到客人都要掏錢消費了，還得為自己選擇的消費行為等待……場景就像難民領救濟的米一樣無奈……

在西方世界的排隊文化，是在「社會道德規範嚴謹的情形下，才會做的行為」，例如：使用大眾交通工具，或是進入公共場所。想要讓他們只為了買一杯飲料或吃上一頓飯而排隊，對他們來說都是很不可思議的事。他們會想：「我有錢，為什麼一定要排隊等？再換下一家不就好了！」不管身為一個經理人或客人應該都是「可以接受，竭盡最大的努力，想為客人做好服務，卻不能做到最完整、完美」；「但不能接受，根本沒盡到基本的努力，去完成客人的需要，讓客人等著被服務」。或許有人會反駁：「客人願意等，又不是業者逼他的！」但這樣「義無反顧」的力挺聲音，就是造成臺灣很多業者不思進步的主因。

一個水煎包成本 5 塊錢、售價賣 6 塊錢，賺一塊錢就是有利潤，有利潤就該有附加價值。一個水煎包成本 5 塊錢，賠錢賣 4 塊錢，那它就是慈善事業，慈善事業就可以不必過於講究附加價值。行公益，還要求附加價值就太苛刻了。但「商業行為」不是，因為有

「利潤」。有的業者會想：「我價格已經很便宜了，你還希望服務能有多好？」價格很便宜跟服務很好是兩碼事，「價格便宜」是業者為了在市場增加競爭力，所採用的一種「削價競爭策略」；「服務很好」是為了提高這個策略的「附加價值」，讓顧客感受到「物超所值」！如果價格高昂、服務平平？可以準備被市場淘汰了……

我家附近有間全○超市，這家超市以擅打低價格戰全國有名，但價格再便宜，服務也不應打折。就拿它的結帳收銀服務效率來說，工作人員明明都夠，也有空著的收銀機，但總是讓顧客排隊等結帳。其他工作人員在幹嘛？在補貨。有的朋友可能會想：「補貨很正常呀！進貨就要把貨舖上架，顧客才能拿到商品，這也不能怪他們。」看起來是這樣沒錯，問題是晚上10點，趕在店家打烊前買東西結帳的人一堆，還補貨就顯得有點緩急不分了吧！

我發現這家業者的收銀區，並不像其他的大賣場，有個主管站在那裡控管收銀員的結帳流量，以致於常常發生：「客人排隊等結帳，一個收銀員『孤獨』的悶著頭做，旁邊收銀機都空著沒開！他也沒空注意後面排隊的人潮，更不會喊支援。」其他工作人員看到則是「渾然忘我」的做自己事，沒人覺得：「結帳區『急』需要支援了！」結果客人就是等、等、等！收銀機就是在那空、空、空！

二十四、服務及產品有特色，才值得「被期待」

　　有間知名連鎖自釀啤酒專賣店，在上海和台北、台中、高雄三大都會區，才設有直營據點。每當我期待「坐在氣氛的燈光下，聽著悠揚的現場演唱，喝上一口口感甘甜泡沫細緻的啤酒，享受微醺，放鬆一下日常的生活壓力。」就算從桃園開車到台北，我都願意。

　　我曾問過該企業體公司的主管：「為何不考慮在其他都會區設立直營據點？」主管表示：「自釀啤酒需要時間與專業技術，老闆若把事業體系擴張的太快、太大，會影響到自家後端特有產品『自釀啤酒』的供貨品質。」

　　「一個先因產品有特色而經營的餐飲服務業」，除了固定季節與知名連鎖大賣場配合啤酒產品銷售外，整體消費品質個人認為還算中上。雖然直營據點不是遍布全國，方便消費，但客人「想」，就會心甘情願的大老遠自己上門來，這表示經營的不錯。若只是賣的產品品質好，其他方面卻差強人意，客人哪裡還會想來呢？

　　前陣子有「鄉民」在網路上論戰「鼎○豐」炒飯加醬油、辣椒要加收 50 元的新聞，有人說這加價幅度之高是因為關係到「品牌價值」。此一說法未免有些本末倒置了，如果業者把食材價格、工序成本反映在加價上，那單純只是物價跟製作成本問題，與品牌、服務價值有什麼關係？當顧客為了商品及業者整體品質慕名而來，卻因為

個人口味偏好而被加收商品費用，那代表業者只是「重視成本」，並不是把「滿足客人的需要」放在優先順位，這並沒有做出特別的「品牌服務價值」。我家樓下的快炒店阿姨服務都可能周到些，點炒飯還主動問：「要不要辣？不加價！」對我而言，這種服務比炒飯加辣、加醬油要加價的業者，來的有價值多了！不是商品價格高貴就表示「好」，當你不符合消費者的期待，自然會有聲浪反彈。

　　企業與經理人都應好好想一想：「怎麼做出被人期待的特色？」而不是一昧的提高價格「包裝出一種特色」。

二十五、服務工作需要不斷的積極與熱情

　　不能保持長期的積極與熱情，就沒有辦法保證每一次的服務工作，都可以做到讓人覺得感動及愉悅。建立服務好口碑需要長時間持續累積，讓顧客們口耳相傳。

　　客人問：「請問廁所在哪？」服務人員該說：「請跟我來，我帶您去！」而不是：「這邊直走到底，左轉後右邊上樓再左轉就看到了！」我們初次去到某地方用餐或購物，常見類似的問題，這表示客人是第一次來，不然怎麼會不知道廁所在哪？服務客人時主動積極是很重要的，是為企業體建立一個「印象加分」的機會。雖然我用指手畫腳比出廁所在哪，客人可能也不會太在意，但是失掉了一個幫公司形象加分的好時機。親身引導客人是一種積極行為，長期保持這樣的服務品質，需要有熱情與積極的態度。有個德國高級車的廣告SLOGAN（口號）是這麼說的：「意志啟發成功，熱情創造永恆。」面對任何人、事、物，有足夠的熱情才能一直持續保持動力。

　　服務業每天來來回回的走動，要不停的與客人互動、服務客人，光是勤勞也是會倦勤的。若只是為了賺錢而工作，那顯得太委屈勉強自己，只有靠著一份對服務的熱情，才有可能快樂積極的投入工作。各位不妨隨便找一家店吃個飯或買個東西，觀察老闆與服務人員和客人的互動，是否讓你感覺得到「他們用熱情與積極為客人服務」？沒

有就表示這是場「供需」，客人「需要」、「想買」就會來，業者跟服務人員只是單純「賣東西」，根本不重視其他服務及相關因素帶來的附加價值。因此，才會讓特別強調「顧客服務」的企業，感覺起來服務特別的好，甚至僅是「保持原狀」也使人錯覺到是進步、優秀的。

服務熱情是來自對服務工作內容徹底的理解，意識到「服務的本質超越金錢的價值，不可以用商業和金錢來衡量或獲取。」這種行為亦無法用分數方式做比較，因為它甚至可以「無價」。服務熱情是一種發自內心最真誠的行動體現，能施予他人一個美好的回憶，優質並深入人心的印象、形象，不僅止於「顧客滿意服務」。

以國內某大連鎖餐飲服務業「王○集團」來說，旗下有些餐廳在客人慶生時會主動提供「即可拍」服務，讓客人此次的消費過程留下一個紀錄與回憶，這就是一種類似的概念。快樂、感動的回憶並不能全用金錢來購買，同樣是吃飯慶生，有的餐廳並就不會「主動」提供這類服務，甚至可能認為這是種多餘的行為。

「熱情」才能維持長期積極的行動，甚至將它視為「本來就該做的！」成為了工作的一種習慣。對於任何一個重覆、單調的事情，都必然要全力以赴，想著它最重要的精神與意義，不能看成一種麻煩、多餘的事。雖不一定能讓自己樂在其中，但要把它視為一種「使命」，從中得到進步與學習。在每次熱情付出後，必會得到成果的累積；心中抱持這樣的想法，才不會感覺自己的工作內容多餘又無趣。

二十六、別跟客人說規定，規定讓人很壓迫

公司規定是針對內部人事規範的，對於客人，只能希望他們體諒及包涵，絕不要跟客人說：「這是公司規定的！」

網路上有篇食客文是這樣的：

某天晚上很想要去吃知名「○王麻辣鍋」，想先訂位但是電話不是打不通，不然就是打通了卻沒人接，所以我們乾脆直接前往。到了現場，服務人員告知需等 60 到 70 分鐘以上，接著我們先到附近的星○克，想說邊喝咖啡邊等。怎知才點完咖啡沒多久，業者就打電話來了，通知我們立即過去。我看看錶，時間才過將近半小時而已。於是我們匆匆忙忙地將咖啡換成外帶……

進了火鍋店坐到了定位，服務小姐說要暫時將我們的咖啡收走，等到吃完飯才能還我們。「要收走了耶，我想說趕快喝一口。」店家的服務人員就說：「在我們這喝外帶進來的飲料，一口100元。」（筆者註：這家酸梅湯也是主推商品之一，不讓客人外帶飲品可以理解。）嚇得我趕緊將飲料交給她，並問她：「那我們飲料現在是熱的，到時拿回來，還會是熱的嗎？」她回答：「沒辦法耶，我們沒有保溫裝置。不然，你可以去外面喝完才進來。」當然，那位小姐並無因那口飲料而罰我錢，畢竟那是在喝了之後才說的。

接著我又說：「但我們是為了等你們的位子才去喝咖啡的耶，結

果你們那麼快就打電話給我們，所以都還來不及喝呀！」服務人員：「很抱歉，這是公司規定！」此舉令人很不舒服。

這過程先忽略掉服務人員的口氣不談，我來建議店家看看怎麼處理會比較好？（文章有點抱怨成分，「可能」也不會把態度形容的太好。）

1. 電話一定要接，沒人接何必要裝？

筆者從事客服工作時，公司嚴格規定員工「客服專線響三聲內一定要接」，不然，店面營業中卻沒人接電話，是倒了？還是意外燒了？誰知道呢？我們希望客服專線的員工，專注於電話服務客人的品質，不是「做一個接線生」，畢竟「客服專線」是服務客人用的，它不是「公司代表號」。「公司代表號」是用來處理工作事項，為什麼要這樣區分呢？廠商與客人若同時使用一個電話號碼，會影響到客服專線的人員服務品質及效率，所以廠商洽談工作事宜，不是撥打幹部行動電話，就是撥打公司代表號到公司辦公室，以避免客服人員因過多的繁雜電話，不能做好電話客服的工作。

2. 客人願意等待，服務就要更好！

「又是一個讓客人願意等待堪稱成功的業者」，之前已經說過「等」的問題了，此處不再贅言。服務人員說：「等 60 到 70 分鐘」是最長，但是沒有說「最快」可能是多久？一個重視「好服務」的業者，理應教育員工在面對客人需等待時，把「任何可能的情況」都真

實的告訴客人，不只是說明最糟的情況，好方便預設自己：「能不能與願意等待的客人，多完成一筆交易？」這除了考量客人能不能接受外？還要考慮到：客人在空檔的時間會不會去哪裡？做什麼打發時間？「等待」對人來說都是漫長的，很是苦悶呀！不是客人願意等就算了，替客人先設想好才算是貼心的服務。

很多女性朋友會上美髮店染燙頭髮，一坐就是4、5個鐘頭。現在業者普遍都會在位子上加裝「個人小電視」，讓客人在做頭髮造型的同時，看看電視打發時間。這是一種服務品質的優化，為了就是怕客人過程中無聊。早十幾二十年前的美髮店，哪裡有個人小電視？拿兩本雜誌給客人，就從頭看到尾了。

3. 規定死定了！人是活的！解釋「公司理念跟原則。」

我個人非常不能認同，對客人使用「很抱歉，這是我們公司規定！」的類似語詞。客人是消費者、是「衣食父母」，能對客人說「公司規定」這種壓迫性名詞嗎？能「規定衣食父母」嗎？該抱歉的不是公司的規定，是「讓你對客人這樣說的」經理人。

筆者養了隻可愛小狗，是隻才 1.5 KG的「約克夏」。由於我未婚，都把他當成自己的孩子來看待，不管到哪都捨不得放「他」獨自在家，特別是外出用餐、遊玩，但是很多餐廳拒絕寵物入內。自己從事過餐飲服務業，能體會店家這樣的「規定」，也親身遇過很多客人攜帶小型犬進餐廳用餐；通常，我一瞄到馬上上前告訴客人：「很

抱歉，我們考量到『其他客人』的用餐環境及觀感問題（別提衛生問題，那會讓客人覺得影射他的寵物不乾淨，都推給其他客人就對了），寵物是不方便帶進我們餐廳內的，如果您要在我們餐廳用餐，是否可以讓我為您將寵物放在一個紙箱內，暫放到本公司辦公室代為保管？下次再來本餐廳請避免帶寵物。」多數的客人都是願意接受我這樣提議的。若是客人不願意接受的話，我還是會準備一個紙箱、請他把寵物放在裡面，隨他自己看管。

有的業者不是了，直接告訴客人：「不好意思喔，狗不能進來！」客人聽了直接就是轉頭走人。說到這，我不禁就想：「業者只是不希望客人帶狗進來，話卻說的聽起來像是在罵『客人是狗』。」因為當業者這樣一說完，帶狗的「人」也進不來了。不管帶不帶狗，好歹人家也是客人吧！為什麼不去爭取做到雙贏的局面？創造績效不就是讓客人滿意，公司也有錢賺就好了嗎？

說到自帶飲料也是一樣的。業者「規定」客人不能自帶飲料，係因本身有主打的飲料商品，於是要「先」把消費者的飲料拿掉，讓他們成為「沒有飲料的客人」，才好做飲料商品的消費。但是，這過程跟結果都是很粗糙的。

首先，客人是為了打發「等待」消費的時間，才有了先買飲料的行為，店家應該考慮這點處理的更圓融。再者「飲料不能帶進店內使用」，要在客人還沒進店內時就先告知。最後，飲料都已經要讓你收

走了，還跟客人說：「店內喝一口100元！」簡直是形同火上加油。業者到底是要打趴客人，還是要服務客人？另外，說到保溫的問題，哪個餐廳廚房沒有微波爐？客人要走之前，幫它加熱一下不就好了。這些都是服務、服務！還是服務！不要跟客人說：「這是我們公司的規定！」可以委婉說明業者有自己的立場、原則與難處，相信大部分的顧客都是能理性接受的。

二十七、如何定義服務的「價值」

「服務怎麼定義價值？」你跟服務人員要一杯水，服務人員拿來杯子、拿來水壺，直接倒一杯水給你。或者，服務人員拿來杯子，檢查一下杯子乾不乾淨？拿起水壺，檢查一下水壺乾不乾淨？然後倒出一杯水給你。同樣是倒一杯水，前後感受卻大不同，這就是服務業的「精髓」──做出的「價值」。不花錢、不加成本、不浪費太多時間、但它讓人感受大不同了。

筆者在博弈業的時間曾達 5 年，有次客人贏了錢還抱怨：「服務人員態度不好！」後來我問當班幹部：「客人玩百家樂，一場牌局最高限注 10 萬元，下注後 30 內秒看牌，決定輸贏。誰能 30 秒做出價值 10 萬元的服務？」「30 秒內的服務價值 10 萬」任誰都做不到！關鍵就在：「沒人能做到！」，那至少可以把服務做到「不要讓客人抱怨」嗎？這個就簡單多了。

今年 6 月《觀光賭場管理條例》草案送立法院審議，12 月初審通過，最快2019年臺灣「第一座觀光賭場」就會開張。據平面媒體報導，屆時會和澳門、新加坡共同競逐亞洲近「500億美元」的博弈商機。此外，隨著馬祖的博弈特區開發公投案也已經過關，未來可見的博弈觀光特區「可能真的」成形。這裡筆者負責任的說：「臺灣人對博弈觀光這個行業，真是一點準備都沒有。」博弈觀光特區若真的在

離島成立了，主要還是外資的天下，臺灣人很難湊上一角。因為臺灣社會對於博弈觀光業的想法跟看法都太狹隘了，容易把博弈觀光業跟賭博劃上等號，到時連能夠放進賭場的「博弈觀光專業經理人」都沒有。

一個觀光賭場飯店的專業經理人，必須要學的專業事項與基本條件都太高了。以新加坡賽思管理學院申請條件中的英語能力部分來看：

大專入學要求：高中畢業或者同等學歷，雅思 5.5 或者托福500分以上。

（等於高中一畢業就要托福500以上水準，臺灣高中生若有這般水準，家長一定不會讓孩子學「賭」。）

高級大專入學要求：大專以上學歷，雅思5.5或者托福500分以上。

本科課程入學要求：獲賽思高級大專文憑，雅思6.0或者托福550分以上。

碩士課程入學要求：本科畢業，雅思6.5或者托福575分以上。

其他的「觀光賭場管理」碩士、博士，還有專修課程的規定；重點是學費不便宜，各位有興趣可以去網路查相關資料，這裡就不再列舉了。

「賭」這個行業，在臺灣地下社會已經行之有年（灰色經濟）。

百家樂、賓果、輪盤、骰寶、21 點，只要夠熱門的賭局都有人在做，只是見不得光，一般人也不容易接觸到，鮮為人知而已。賭客大多來自臺灣社會中「名不見經傳」的有錢人，其中也不乏些藝人、大老闆（再多說就八卦了）。

賭場裡提供的服務品質，好到讓人難以想像，備有專車接送賭客不說，享受到的服務更是「高檔」。正餐吃的是龍蝦跟牛排，水果還有進口的高級貨（例：美國櫻桃等），飲料有高級紅酒、大禹嶺的高級茶葉、星○克等級以上的咖啡豆。玩累了，現場還有專業的按摩師幫你放鬆一下，想睡覺休息可以幫你在賭場附近的「高級飯店」開個房間，讓你歇上一天再來。總而言之，業者就是：「能夠滿足賭客的，盡一切努力去滿足他們。拉斯維加斯能，我們也能！」這不是誇大其辭，都是筆者實際經歷的經營模式。有些賭客賭　把百家樂，押注上限最高可達到 50 萬台幣；賭場營業額多是以 10 天為一期結算，目前我看過最高的收益：「2 億多台幣」－－是淨利，開銷都已經扣掉了。

賭場裡從荷官到服務人員，每個都要求相貌端正、身材高宛，日薪從2K~3K台幣不等。荷官需要負責發牌，身高不能太矮，不然客人坐太遠，牌要怎麼發？跟賭客講話音量還要控制，不能太大聲、語氣要溫和。有時客人輸到抓狂，還會對著荷官跟服務人員亂罵，但是能怎樣？只能忍耐並面帶「很微的微笑」。笑的太開怕客人更生氣，於是就只能「很微的微笑」，當客人已經輸到上千萬失控了，難道還要

跟他說道理嗎？這些服務品質，哪怕是台北101裡的高級餐廳、酒店、精品店，都不能夠比擬的。在我看來，賭場客人消費的只是一個賭博的「過程」，它雖然有贏或輸這兩種結果，但嚴格來說，賭客會贏就不是賭客了，是「賭神」！（我看過的賭場裡面沒有作弊，純機率。）

賭客拿 50 萬台幣賭一把百家樂，押莊家贏是拿回本金 50 萬加 45 萬贏的賠碼（這是百家樂固有的賠率規則，扣10%賭客都說「茶水錢」），押閒家贏是拿回本金 50 萬加 50 萬賠碼。你若贏了一把會想走很正常，我們是一般人，贏50 萬已經足夠我們生活近一年了。賭客不是！他們根本是有錢找不到地方花的人，一定會玩到累了、不想玩了才走。各位可以試一下，以撲克牌 1～6為小、7是和局（沒輸贏）、8～K為大來統計，連續猜對 52 張撲克牌大、小的機率是多少？就是這樣簡單的原理，再來看賭客會贏的機率有多大吧！所以才說他們消費的，只是一個博弈遊戲的「過程」。

以上就不難明白客人「消費金額之龐大」，服務要做到多好才能算有價值？賭場老闆也不是什麼善男信女，要是讓他聽到客人有抱怨，會把我叫去辦公室罵，說到「慷慨激昂處」，手邊抓了什麼就朝我丟過來，這都是不足為奇的事。賭場內很多複雜的真實狀況，並不是「受正統教育的經理人」能夠想見的。

雖然博弈業比較複雜，大多跟三教九流脫不了關係，但它的商機還真的是很大。想想這些賭客，其實並沒有在賭場得到什麼；真要

說有，得到的不過是種「刺激」罷了。論贏錢，真的很少，「十賭九輸，久賭必輸」。這也是到目前為止，我們鮮少看到拉斯維加斯和澳門有賭場「輸到倒閉」的原因。有經營不善的是受大環境景氣影響，賭客、觀光客減少，絕對不是因為「輸到賠錢」。

◎博弈特區 郭董：設在新北或北部地區　作者：PTS
　節摘公共電視 2013／2／18

馬祖去年通過博弈公投，雖然中央的博弈專法，立法院還沒通過，不過業者早就摩拳擦掌，甚至計劃打造「兩岸博弈特區」。而今天鴻海董事長郭台銘，則是提出另類想法，認為應該在新北市或北部地區發展博弈產業，對提升臺灣經濟比較有幫助。

鴻海集團上午舉行開工儀式，董事長郭台銘除了看好景氣外，話鋒一轉，建議政府將來可在新北市或北部地區發展博弈產業，做為促進觀光、旅遊以及會議等重要平台。

鴻海董事長 郭台銘

把它當賭博的字眼，博弈產業實在是太沉重了。如果當它是一個促進高級科技觀光及旅遊觀光科技展示會議中心與購物，對臺灣將來發展觀光、發展任何科技產業，它絕對是一個很重要的平台。

對於郭台銘的建議，近來大動作準備投資馬祖博弈的懷德開發公司表示，他們一直以來都是以外島地區為主，不會因為其他意見而改變，除了地點仍以馬祖為主外，也打算打造兩岸博弈特區。

二十八、做不好就道歉、改進，別說理由

任何工作做不好、出了錯誤，第一個該想的是如何道歉跟改進，絕對不要先說理由。「失敗的人找藉口，成功的人找方法。」

人手不足？出餐太慢？服務差？當服務或產品出現問題引起客人抱怨，直接跟客人道歉就好了，千萬不要說一大堆「因為我們……」。客人上門消費是來花錢享受的，誰要管人手為什麼不夠？工作人員為什麼心情不好？產品為什麼用一下就故障？那都是業者的事，為什麼要消費者掏了荷包，還要包容一堆問題？對，很現實、殘酷！競爭不就是如此？

經理人要時時刻刻提醒自己：「沒有絕對包容的好人，只有絕對挑剔的客人！」若跟客人「瞎扯」一堆有的沒有的，客人只會更火大。消費者會反映，代表他要的只是業者的關心、注意、改進、道歉，不是要聽一大堆莫名其妙的理由來解釋錯誤。客人還願意向業者抱怨的時候，就有機會彌補、挽救過錯；客人不願意向業者抱怨的時候，可能永遠不會發現問題的癥結點。況且現代資訊科技太發達了，有時「一根頭髮」的小疏失，也能讓公司登上媒體版面變成大新聞。千萬不要覺得：「客人抱怨就是奧客！」（台語：奧客＝爛客人），要把他們當成「天使」。執行工作也是如此，這是一種良好的態度，態度對了才有進步。「失敗的人找理由，成功的人找方法」，別學

有的業者說：「顧客會大排長龍，是『因為』我要現點現做！」只有「成功的人」才能做到現點現做，顧客也不用大排長龍。

有次我在一間麵店吃午餐，老闆娘真的忙不過來，一對情侶可能是等太久了，男的首先發難：「老闆娘！我的麵還沒煮的話，我不要了，小菜幫我打包，我帶走！」（那天我還真的有計時，我比他們早來，一碗乾麵足足等了 25 分。）

老闆娘：「吼，先生你不要這樣好不好，『因為』我人手不夠，真的忙不過來啦！」男客人直接回嗆：「你人手不夠關我什麼事？小菜又不是你切了，我不付錢，麵你沒煮，我當然可以不要呀！結帳啦！」店內場面瞬時僵掉……旁邊有個看似熟客的打圓場：「老闆娘，忙不過來，多請兩個人幫忙嘛！」老闆娘就開始：「吼，你不知道這裡店租多貴……，一個月水電開銷多大……，我要再請人就……」我心想：「是呀，那關我什麼事！」或許，別人站在「好客人」的立場，可以體諒這位老闆娘，但身為經理人時就不行！因為經理人的職責本來就包含──「為公司在市場裡提高競爭力。」

以上幾個章節的實例是我親身遇到的，可能都只是個案，不一定是常態；但大家有沒有注意到，很多是「連鎖企業」呢？

二十九、顧客的會員身分表示忠誠度高，
　　　　　要更珍惜

　　客人之所以有「會員資格」，不外乎是客人的消費能力及金額達到一定的水準，或者願意付出額外的金額來加入擁有「會員資格」。這些情況都顯示顧客對業者品牌、產品有相當程度以上的忠誠度及喜好度。

　　「就是喜歡這個牌子。」、「產品好用。」、「產品適合個人特質。」、「對價格跟服務很滿意。」……等，當客戶對業者抱持「正面的看法」而成為會員，經理人是不是更應該對企業的會員權益特別重視及管理？不然，何必建立會員制呢？

　　另外一種常見情況是屬於業者剛進入市場競爭，想建立起自己的「專屬客群與蒐集資訊」，這類招募會員的方法就很一般，消費者在消費後填個資料就可以取得會員資格。但不管怎樣的原因，既然客人是「會員」，經理人就應該思考「如何好好的珍惜會員？善待會員？」利用會員制去拓展更高的市占率與經營績效。

　　某家連鎖烤肉店的會員卡，會員優惠寫：「一桌可折扣 9 折一次。」有次朋友去消費因人太多「被迫」分兩桌坐，照理說這樣應該兩桌都可以折扣吧？服務人員卻堅持只能折扣一桌。他說：「我們本來就是一起來的，人多才被分兩桌的。」那位服務人員又跟他表示：

「一張卡一天只能限用單桌一次。」後來朋友真的覺得這家店的服務人員「鬼打牆」，懶得爭辯、付錢走人。在一次聊天裡，把這事當「笑譚」跟我聊了起來。

「一張卡一天只能限用單桌一次？」這個設定感覺就不太會賺錢，一個客人一天來吃兩次烤肉，如果我是老闆，一定高興死了！哪裡找這麼忠誠的會員，一天吃兩次烤肉的？而且「一桌可折扣 9 折一次。」＋「一張卡一天只能限用單桌一次。」不就 ＝「每日限使用於單桌折扣 9 折一次。」何不直接清楚印在卡片上就好了？事後再補充說明，豈不「多此一舉」？還容易引起爭議。有的客人萬一很固執，場面就會難看，場面一難看，業者又變得跟上章那位「賣麵的老闆娘」一樣了。

客人是「人太多被迫於要分坐兩桌」的，服務人員卻堅持說：「優惠只能限用單桌。」就是服務人員太死板，不會做「服務反應」。經理人在訂定會員優惠時，應該「考慮因應客人現場實際變化」設想周全的，一來便於服務人員清楚明瞭公司優惠的內容及執行程序，也不會讓大家在使用上造成疑慮。不然，服務人員與顧客看著「會員卡說明」玩文字遊戲，豈不是很無聊又搞笑！若是客人硬要爭取，經理人是不是又要親自出來解決「計畫執行後不善的補救工作」。「想賺錢就不怕給客人吃甜頭」，會員優惠是給自己專屬客群的一種激勵，讓公司績效平穩甚至更好，所以要更珍惜並善待自己吸收的會員。

我在一間大型私人連鎖KTV公司，曾推出一個「促銷活動」：不管是不是公司的會員，只要出示其他同業KTV會員卡，一律比照自家會員打「9折優惠」（另外還送拼盤小菜、現泡熱茶招待）。當初這個構想跟老闆溝通後獲得同意，卻引來很多的同事質疑說：「經理，公司基本型包廂一小時500元，別家KTV會員的人又那麼多，一律打9折，累積起來會少賺很多耶！每間包廂還得『跑會員招待』，對我們人力會造成負擔。」我反問他們：「那有沒有想過：『別家的會員都跑來我們這邊消費，公司就能多賺很多呢？』你們都只是盯著包廂折扣價看，卻沒想過公司需要的是整個市場（註1）。」何況都說了是「促銷活動」，表示我已經為效果可能不好預先設下「停損點」。當然，也順便警告他們：「不管客人是不是用別家會員卡，就是要當成自己公司會員，不要想著服務大小眼、招待小送。」說實話，我一開始也不覺得這個促銷方式好，只是想在不影響舊會員權益與公司利益下，「做做看」而已。

註1：這家公司的會員資格是在開幕的第一個月，只要有消費達一小時者就可無條件辦理。因此，後來並不再招收會員，而我提的促銷活動並不影響這家公司原有會員的權益。

三十、善用與會員的「長期利益交換關係」

簡單的「供需理論」,是促成「消費行為」的基本原因。消費行為分為「隨機」與「循環」,刺激客人做「循環消費」,是維持企業的良好收益來源之一。

這個問題涉及一些複雜的經濟學理論,但身為一個經理人還是得明白這兩種消費行為的基本關係,才能知道到底面對會員該做什麼?優勢在哪?好從中為企業爭取更多的利益。

消費者的「消費資訊」,提供了業者參考供應、研發、製造商品、行銷的方向;業者所選擇的商品銷售、研發、製造、策略、種類等計畫,也是因觀察到顧客的「需求」而產生。簡單的「供需理論」,促成了「消費行為」的產生,而消費行為又簡分為「隨機消費」與「循環消費」兩種模式。簡單的解釋:

1.「隨機消費」:

當我們「隨意」到一家商店消費,並無考慮到太多因素,甚至完全沒有考慮,稱為隨機消費。「在臨時情況下被消費者選擇為交易對象」的這類業者,多數賺的是「過路財」,並沒有固定的客源族群,客人也都是且買且走的多,營業收益可能會不太穩定。因為客人並不是靠任何「誘因」而上門光顧,純粹只是為「買需要的東西」而來,最常見的例子:「做菜到一半突然想到買米酒」、「肚子太餓了

趕快找個小吃店祭祭『五臟廟』」、「車子爆胎需要趕快換輪胎」之類的。總而言之,都是些生活上很普通的消費事件,多是突發的、不是計畫好的,所以稱「隨機」。不過,如果業者利潤定的不是很高,服務又很好,或有其他誘人的附加價值,還是有機會讓「隨機客」變成「熟客」的。

2.「循環消費」:

消費者都喜歡、習慣選擇同一個業者做交易,這也是多數擁有「會員制」的企業最大的好處。客人加入會員,企業與經理人才能掌握自己的「客群消費資訊」,設法拿出「誘因」刺激他們「循環消費」,藉以穩固企業和消費者之間的「長期利益交換關係」(本章最後說明)。會員優惠的「誘因」常見有:消費金額累積點數(點數又可換贈品或折抵金額)、消費金額特別折扣、單次消費滿額贈禮、獨享商品低優惠價……等。不管企業與經理人推出哪種「誘因」,都是想會員保持「循環消費」的這個行為。

經理人懂得善用會員資訊,例如:消費時間間隔、消費金額、購買商品趨勢、喜愛商品種類……等,對提高企業績效非常有助益,這些資料最好建檔成立一個資料庫,因為會員資訊掌握越完善,相對效益、參考價值就越大。別因為公司績效「還算穩定」就不去做,擁有會員不是對他們寄發「DM」就好了。

對於較久沒有光顧的會員,可以用發送「特別優惠訊息」的方

式（誘因），刺激客人回流，還可以趁客人回來消費時，了解太久沒來的原因（是搬家了？還是被自己得罪了？）。對於常來的會員（又稱「死忠客」），也要想辦法讓他們知道公司的重視，時不時的贈送額外小優惠。發送個人特別優惠訊息也會有很不錯的效果，例：「由於本公司感謝您長期以來的支持，注意到您對我們的重要性，特別傳送會員優惠以外的優惠折扣簡訊，以表示我們對您的重視！」，單純的「細膩度與誠意」更能打動消費者的心，畢竟「世間財」不好賺啊！

市場就是靠手段（要正當）、競爭力、創新來帶動商機。我們不可能「每天創造出新的事與物」，但商業競爭不會因為沒有創新而停止，光保持現狀也就等於落伍。在沒有創新的實際之前，還是需要有積極的作為，來達成「訂下的績效目標」，以支持公司的營運。會員的資訊管理做得好，自然就沒有所謂的低點，經理人別白白浪費了企業建立的「會員機制」。

※企業與消費者的「長期利益交換關係」是指：「消費者用金錢方式與任一種型態的『提供者』，長期購得需要的物品或換取需要的服務；是一種基本的『長期利益交換關係』概論。」當這個關係先形成後，企業就可以用更多的「資訊和利益附加條件」來刺激消費者做「循環消費」。而會員制度的「特有優惠」就是這種「長期利益交換關係」下衍生出的產物之一。

三十一、好條件找人才，一般條件找庸才

臺灣知名音樂人武雄老師說：「只出得起香蕉的公司，絕對只請得起猴子。」這話聽來刺耳，卻中肯。

2013年 3 月桃園市一家西餐廳，曾聘我去當副理，主要是幫總經理（老闆的公子）分擔經營管理工作；但是，我只做了一天就辭退了。這個公司是屬家族企業型態，剛過完年原職務人因身體健康狀況不佳離職，內部又沒有可以升任的人選，不得已只好向外徵聘；這樣，我算是被「挖角」吧？（自嘲……）

為什麼只做了一天？說真的，它們給的條件實在是不優。YES123 的求才廣告明明登了：「待遇40 K以上。」面試完，硬是把我砍到剩「38 K」也就算了，一天工作時間12.5小時，早上10：00上班一晚上22：30下班，下午沒客人我還得「呆」在餐廳內待命（沒有休息時間，只有吃飯時間），月休四天。天呀！月休四天！？那是我「18 年前」剛出社會的勞工休假制度了！身為一個副經理，我能接受休假少、工時長，但不能接受這樣的工作內容領「38 K」的薪水。至於，為什麼不是占經理缺，或是副總經理缺？因為它們公司沒有這些職缺。

臺灣企業習慣在人事上面節省成本，已經成為一種常態了。若是工廠的話，可以認同這種做法。工廠大多是人對著機器才能做事，一個蘿蔔一個坑、多少機器就要多少人；公司有訂單，機器要開才需

要人，訂單若銳減，機器沒開，當然就不需要「過多」的人。以服務業看，就不主張在人事成本上「過度」節省。服務業的工作內容大多是「人對著人」，試想：「用 25 個人服務100個人的品質，跟 50 個人服務100個人的品質，絕對是差很大的。」當然，我不是說服務業一定要請 50 個員工，去服務100個客人才是好，只是強調服務人員的多寡，會影響服務工作的整體品質及效率問題。

企業要用最少的人力做出最好的效率？那「兵要很精、將要很強」才有可能。公司想要精進，又不肯開出較好的條件找人才，真的是「只出得起香蕉的公司，絕對只請得起猴子」般的「冏」。「一名優秀的人才，可以養活數千名員工」、「集合十名圍棋一級棋手的力量，也無法戰勝一名圍棋十級的高手」。好人才能帶動的績效少則數十萬，多達至百萬（或更高）。再說，公司內部的人員管理、教育訓練的工作內容何其多？「人才」還要把「畢生所學」的知識與經驗都傳授給員工。若連個「幾 K」都要省，倒不如真找隻「猴子」，有樣學樣的跟總經理做事就好。

我也質疑過休假天數太少、工時又太長，總經理答覆我：「你也知道，服務業就是這樣……」我心裡的OS是：「唉……真是過時又壓榨員工的想法，服務業月休6～8天的很多吧！」沒有哪匹好馬是日行千里，不用適當的休息跟吃糧草的！有的話，那不是千里馬，而是「神駒」。尤其在服務業，服務人員上班幾乎是「有客人就要做，客

人多更要做」；客人少要把服務品質做得精巧，客人多要能把基本服務品質跟效率都做到。以人性化的出發點來看：「完善」的休假制度，可以讓員工獲得適當、充分的調適與休息，工作時才能要求他們表現更熱情積極。優渥的的條件更可以大幅降低人員的流動率，不然流動率一高，光重複教育新員工就很耗時了。所以，我只上了一天班，就辭退了這份工作。

下班的那個晚上，我建議他們總經理，既是家族企業型態經營，幹部還是從內部人員提昇比較有利，畢竟是栽培子弟兵嘛！況且，一個副理缺擺在那，也有主任可以嘗試提攜，若不是很急的要擴展公司，何必外聘呢？只是他有一段時間會比較辛苦而已；當下不知道他有沒有聽出我的弦外之音？最後走的時候，我還跟他要了一根香蕉……（開個玩笑）。

三十二、為何愛才、惜才、錢財，卻都難留才

　　企業體系下的管理組織建立功能之一，就是要「看好人才」。所謂的「看好」是要關心、觀察、了解與發掘。

　　企業體系的管理組織建立有其重要意義，除了分權、分制、分責，資訊、資源、利益分享，另外是要「看好人才」。人才是軟體，一定會「自體變化」，管理組織的重責大任，除了讓員工把工作做好，經理人跟主管還要確實關心、觀察、了解與發掘人才。在臺灣，企業人才流失的現象與原因很複雜，除了內部環境之外，還有社會外在大環境的影響，身為經理人也不一定能完全事先掌握和預測。

　　神父：新郎，你願意愛他一生一世直到終老嗎？

　　新郎：我願意！

　　神父：新娘，妳願意陪他不畏艱難直到白首嗎？

　　新娘：我願意！

　　這是結婚典禮上常見的對白。如果在企業裡可能會變成：

　　經理人：老闆，你願意聘雇他一生一世直到終老嗎？

　　老闆：再考慮！

　　經理人：人才，你願意在這公司與大家存亡與共嗎？

人才：不可能！

又或者，我把它換成下面這樣；

企業：不要離職，我給你加薪。

（男：不要離開我，我給你買愛○仕。）

人才：對不起，我覺得這裡不適合我。

（女：對不起，我想我們不合適。）

企業：真的不再考慮嗎？

（男：不能再給我一次機會嗎？）

人才：很抱歉，我真的累了暫時想休息。

（女：很抱歉，我暫時想一個人靜一靜。）

企業：好吧……那不勉強。

（男：無奈……只能接受。）

人才：飛向新公司，展開新人生。

（女：飛奔新男友，展開新戀情。）

　　不知道以上比喻，各位看完覺得貼不貼切？不過，人下定決心選擇離開一個環境時，不一定會說出真正的原因，因為他們已經不在乎「過去式」，只在乎「未來式」。

　　「人才」很多都是在員工裡發掘出來的，管理組織的經理人或主管，跟部屬共事多年以後，長時間下來都沒有發現人的優點及長

才，代表這個管理組織就沒有發揮應有的功能之一――「發掘員工的專長」。若是發掘部屬的長處都顯得困難，怎麼談「惜才」？大家只是日復一日的來，把自己的工作完成就各自「鳥獸散」，連基本人與人之間的關心、了解都沒有。即使組織裡真的有人才，也不過就是一直被埋沒著。

星雲法師曾以佛教角度談管理：「人才者，必有怪癖，因為有『器用』，自然不能捨癖。」有人愛錢、有人愛車、有人愛珠寶，但我認為真正的人才，追求的都不會是物質上的東西，他們追求的是「能否被器用？」找到足夠發揮自己「才能」的空間，其作為受到內、外部的眾人認同肯定，在企業中留下好名聲。這類人會把時間專注投入在「人生成就」上，不太有多餘的時間耗費在吃、喝、玩、樂，就算他們擁有財富，多數是因為「個人成就」達到一個「高階層次」。

人才到達以上這個境界，自然不會缺「錢財」（亦可說不在乎）。一台車、一棟房，物質的東西能夠評估其價值，但怎樣才算「受到內、外部的眾人認同肯定」，這就太抽象了。我也不敢說什麼方式一定能留住人才，但身為一個經理人，平日就該多關心、了解每個員工心中的真正抱負與理想，才能發掘其長才並「器用」。對人才絕對不要採高姿態，人才有所長，也必有所短，往往是優點越突出，缺點也會較突出。恃才自傲是人才通病，大才者通常不拘世俗小節，

異才者甚至還有「怪脾癖氣」，而人才與人才之間還常存在各種糾葛、矛盾。因此，領導者與管理者要能包容他們的缺點、寬待他們，才是「愛才」。這是企業內團隊生活中最真實的一面，大家多多少少應該也都遇過。

有的領導者跟管理者總說：「我們愛才、惜才，我們對人才怎樣怎樣……（說的天花亂墜）。」然而，「說」終究只是「說」；就像婚姻，當我們對著《聖經》也好、《佛經》也好，許下任何「愛的誓言」，到頭來都可能「抵擋不了現實狀況改變被逼的放棄一切」。當初的愛去哪了呢？給人才、員工愛不好嗎？好！可惜，它不夠實際，隨口說說，也曲解了「愛」的定義。

光有「愛」，人才（員工）不能養家；光有「愛」，人才不能伸展理想抱負；光有「愛」，人才不能給他們的下一代更好的養育；所以呢？對人才不要「說愛」，「愛」是用一個「心」去「受」。除了神，誰哪裡真的愛得了那麼多人（神愛世人）？說這話只是空引人發噱，用點實際作為去給員工自己「用心感受愛」，比「說愛」來的強多了。

三十三、職務要分明，權責劃得清

　　據104資訊科技集團行銷處一項資料顯示：「臺灣有七成的企業，表示找不到人才。」企業若是能長久的落實栽培基層幹部及員工，或許能稍微緩緩「一直找不到人才」的問題。

　　臺灣有的企業職務、人才斷層，缺口高達七成。究竟是企業找不到人才，還是跟企業不開出好條件、想省人事成本有關？這要開過公司、當過老闆的人，才能定論。但有的公司是「有職缺沒有人可擔任」，不然就是「沒職缺下面放著一堆人升不上去」的問題，確是存在。少數公司會任由一些老幹部在公司內部每天上演《肥貓流浪記》（註1），對於這些不會做事的「肥貓」，建議企業與經理人「長痛不如不痛」砍掉算了，把薪酬拿來栽培中、基層幹部與員工應會更好。

　　企業內的職務分層很重要，讓每個人知道自己的職責所在，並負責做好自己的工作；而企業與經理人都該努力排除內部職務空懸與人才斷層的現象，健全公司的人事制度，100%落實人才的培訓（近年國內很多大企業的CEO總是卸任交棒又回鍋，也可歸類於此因）。以下將做簡略的說明，考慮每個企業的性質、實際運作情形、

註1：港名《何必有我》。台名《肥貓流浪記》，兩個片名都被貼切的拿來諷刺企業裡領高薪不做事的人。Fat cats另有一説是肥貓是來自於美國黑話，在管理績效不彰又坐領高薪的企業董監、經營管理高階層稱為「肥貓」。

規模大小與經營方式不同，無法一一詳述，只能寫出這些職務大概的「基本工作定義」，藉此看出每個人都有自己的工作重心、權責劃分。而企業節省人事成本的方式，就是在這些層層節制的職務中，刻意去掉一些職缺。

組長（有的稱班長）：基層幹部，是管理組織中最常見的職務，多從表現最良好的員工提升而來，是員工的表率、榜樣，又熟悉基層員工作業規定，，在員工裡可以發揮帶頭及模範效應。組長是直接的生產者，也是產品生展組織的管理者，重於完整又好的工作執行力，做小團隊的監督與管理，才能充分發揮組員的主動性與積極性，順利完成小組生產任務。

領班：基層領導執行幹部，從組長中管理、工作能力較優越者提升，領導各班組長及一般員工，不僅熟悉一般員工作業規定，同時接觸中、小型團隊管理與行政工作，多為 整個班制的管理者（早、中、晚）；有時團隊人數的規模稍大，負責督導與協調、管理各班。領班負責督導基層人員的工作服裝儀容、工作態度、作業方式、工作安全等觀念，並稽核全班出勤狀況，工作前、後巡視員工工作環境是否清潔？同時，執掌工作現場作業實際流程運作，組長與員工的工作分配、管理，並執行教育訓練事宜，督導人員作業前、中、後的整體工作狀況。領班必須主動瞭解組長與員工工作問題，協助主任對組長、員工進行工作上的執行要求，負責工作中的意外事件反映及組長

意見的處理，並向主任報備。此外，還有協助主任推展計畫等工作。

　　主任：企業執行工作的主要委任人，負責貫徹經理人與副理委任交辦的工作，並在執行企業工作計畫中做反映、驗收、解決、回報、追蹤等後續工作，管理與執行力並重，屬基層主管。協助經理及副理制定並完善部門的工作制度，時時檢查、審視、驗收工作執行情況。掌握公司最主要的工作進展情況，負責制定、落實工作計畫和 部管理，統籌管理公司部門行政、與後勤工作。負責公司或部門的重要檔案資料文書管理，相關會議的組織，以及副理以上會議決策的督辦事項。部分廠商的聯絡工作，內部組織關係的建立、維護、保持。　與公司重大事項的調整研究工作，擬定部門工作報告。制訂自己部門月度工作目標、計畫。監督、指導工作計畫的落實。負責部門員工組織建設，因應決策調配部屬人員，做出人員培訓、考核、升遷的意見及建議。協調部屬與員工之間，自己部門與其他相關部門之間關係，達成部門的工作目標並及時 予部屬指導。

　　副理：副經營管理者，中基層主管。統籌領導其以下幹部層級，協助並督導主任確實完成企業與經理人交辦的工作，並向經理人做幹部問題的反映、建議與回報。其實，副理的工作重點介於經理人與主任之間，既不輕鬆又龐雜，不僅要學習、參與、分擔經理人部分經營管理事務，注意、監督企業的經營目標，與部門日常管理工作是否平行；另外，「主任不會做的他要知道——如何做？會做的他要知道

——做得更好。」

　　經理：經營管理者，基本的中高階經營管理人員，也是企業日常經營管理事務的「重要負責人」。但因每個公司大、小會對經理人的「職權定義」有區別；改以列項方式寫出。「大概的工作內容」如下（有的公司較大，「公司」可自行改用「部門」帶入）：

　　依照公司制度行使經理職權。

　　當公司沒有既成制度可沿襲，也沒有公司規範的規定時，按照公司現行整體組織，建議、研擬、訂定、行事法規與行政制度。（多在公司改革時期或草創初期較多。）

　　謹守公司的基本管理制度，配合公司經營方向並建議修改制定的具體規章。

　　貫徹公司經營理念跟公司完善管理的工作。

　　貫徹執行企業主或上層主管交辦事項。

　　「第一時間」向上提出企業各種需要之改善建議。

　　完全承擔公司、董事會、總經理授予額外的其他職權與工作責任。

　　擬定公司營運方針及工作計畫，並設定完成目標。

　　擬定公司年度、季、月營運計劃，並逐步達成目標。

　　達成公司（總經理）年度經營計劃和參與投資方案的意見擬定。

設計公司內部管理、工作組織架構。

帶領組織達成績效、完成制定計劃、完成設定目標、分配執行工作。

嚴謹周詳的建請及決定聘任或解僱董事會（總經理）可決定以外的管理幹部人員。

負責主導公司業務推廣、策劃、執行。

公司客源開發與穩定的工作。

時時關心、注意公司產品的研發進度。

主導規劃公司工作場所的公共安全及維護與管理。

與顧客及廠商建立良好的關係

負責並主動參與企業有關的公益活動、為企業提升形象、承擔社會責任。

與公司供應商維持良好的溝通管道，以穩定貨源與品質。

傳承企業理念必須以「顧客滿意度」為公司最高經營方針，培養自己的忠誠客戶。

重視公司員工教育訓練、激勵員工士氣、激勵工作團隊。

負責規劃公司員工的教育訓練與執行。

排定公司課程加強員工訓練。

積極培訓人才，並利用各種人力資源管道發掘人才。

因應配合內部（總經理）營運所需、做適當的幹部及人力調配。

工作進行後，注意各階層工作的實際執行動態，並隨時隨地掌握資訊給予必要的協助、支援、資源。

　　盡可能以人性化的立場做管理工作及領導企業所屬之員工。

　　透明公正的考核員工績效並注重員工相關福利及職涯規劃（如：內部升遷和加薪）。

　　注意各種工作安全防範措施，加強員工安全。

　　綜合各項「客觀條件」妥善照顧員工，並提昇工作環境品質。

　　公司客戶、部屬、廠商重大抱怨問題處理。

　　建立公司透明化的採購作業流程，並對採購的物品實施管制、庫存、使用計畫。

　　注意各項設備及器具的保養與維護。委任由部屬或專屬單位（人）負責，並不定時抽查。

　　嚴格要求公司幹部：確實監督每位員工對機器設備的正確操作。

　　與各級單位主管研擬設備保養表，對不同的設備及使用率規劃出定期保養的時間。

　　公司採購設備時必須先考慮後續保養及維修問題。

　　注意公司設備保養，延長使用期限以便提供給員工精良的工具器材。避免使用不當所引起的額外維修費用。

　　對公司部屬確實分工授權，讓部屬負責並給予最大支持與協

助，監督達成所交辦任務。

召開公司會議與參加外部相關談判。

公司內部不定時督查，與相關主管溝通意見來指導工作現場。

工作執行前各項訊息整理與資源分配要做多次確認。例：作業流程制定、工作行程規劃、機器設備良率、人力資源分配、完成期限、確立相關人員職責等。

填寫工作日誌及掌握各項表格數據，以便檢視每項工作運作的過程與細節，並時時向上彙報。

指導並交付分配副理經營管理事務。

列席董事會會議，實踐董事會決議事項。

是否覺得經理人工作很多？以上這些工作其實都有相關性，實際執行起來並不繁雜，貴是在於經理人是否能完全出於「本能反應」去做。

經理人算是每個企業中，執行公司或部門「經營管理工作的重要靈魂人物」，因此面對工作時，必須投入幾乎全部的精神與專注力、思維邏輯，思考每一個工作的環節、細節。

協理：公司經理人之間的協調者及協助人，中高階主管。首先，對於經理人的職務必須專擅嫻熟，除了熟悉公司營運模式外，還要熟悉「兩個部門」以上的管理工作及工作內容，當部門之間配合有異議時，主動介入協調、協助、提供經營管理意見。協理鮮少直接做管理

工作，而是將經理人的所有大、小問題處理後，反映給企業高階管理層。

　　副總經理：協助實現總經理的經營管理目標、企業發展計畫目標等，指導公司經理人（含協理）的業務和工作計畫控管，監督經理人管理制度的推行，為高階主管。協助總經理，制定並實施企業策略、企業發展規劃、經營計劃、業務發展計劃……等重大企業政策方針、內政計畫，掌握公司運作與各部門的管理事項，指導公司人才隊伍的建設工作，並推進公司企業文化。協助公司制定組織結構和管理體系的管理規範、工作規範、業務規範，並將企業內部整體管理明確的制度化、規範化，並負責組織、監督公司各項規劃和計劃的實施，積極參與開展企業與社會的聯繫活動。此外，協理必須按時提交公司現狀發展報告、發展計劃。

　　一樣，副總經理也必須專長於經理人及協理的工作，還要學習並清楚了解總經理做些什麼工作。副總的工作也不輕鬆，等於是副理工作的提昇加強版，必須了解各部門經理人的工作，還要身兼部分總經理的工作。

　　總經理：企業最重要的總體事務經營管理人，也是企業「內上至董事會，下至幹部、員工，外至社會層面的核心人物」，有時甚至是企業的「代表人物」。在企業經營的各種不穩定因素中進行目標規劃、發展方針和經營策略的重大決策。在複雜的各職能部門和經營

管理部門中，對資源採用整合並做適當的配置。在企業內部各式各樣生產經營活動行為下：「保持高度警覺、準確分析、仔細分辨、及時並快速的解決各種經營管理不當造成的問題。」設法從董事會及企業主得到必要的支持、合作和機密訊息與資料，妥善做好企業經營管理工作。滿足「老闆」的要求並嚴格照辦（老闆有兩個，一個是董事會、一個是客戶），有疑慮時又不能讓他們（董事會、客戶）感到「難堪」。與企業各部門或同事以及企業外重要廠商「在沒有階級制約的條件下相互密切協作」，排除各種阻力、透過「人」來完成實現企業與自己的「整體經營管理目標」。總經理不只專長於經理人工作、還要「專精」，且多數時候是站在企業主立場以「企業整體經營發展大方向」為重。

企業總經理這個職務的工作內容，跟企業規模有很大的關係，如果企業規模是跨國際性質，這個總經理真的不是「普通人」能承受的位子。不僅要考慮企業國際連結的總經營管理問題，還要顧慮各種不同的外在環境因素及國家、法律、社會文化、民情等問題，並能觀以「世界總整體面」順利因應變化、創造機會，讓企業達到實踐「永續經營」目的和理念。真的是要有點「天賦異稟者」才能勝任。

嚴重的企業斷層問題，就是在以上敘述各職務中跳過一些職缺。像「協理」這個職務，有的企業可能就沒有設立，他的工作內容則由副總經理、經理共同分擔。這種方式在「中高階管理層」或許可

行，因為中高階經理人能力較強、歷練較久，知道彼此之間「如何分工負責把工作做好」，可是到了中、基層就不一定，像組長或領班這種職缺沒有設立的話，其他幹部同時要帶領員工做事，又要處理日常行政事務及管理工作，很容易分身乏術。這時，企業若還要他們為將來的升遷、企業長遠目標做好更多學習與準備，「那是要逼死誰」？

「汰弱留強」是一個篩選優秀人才的方法，我們無可置否，但企業栽培人才應該循序漸進，盡可能讓他們歷練完整，不能凡事「霸王硬上弓」。萬一員工裡真的都沒有「天賦異稟者」，這段時間企業在經營管理執行工作上造成的疏失及延誤，企業與經理人豈不是都要自己負責？如此一來企業內職務的分工還有何意義？

別為了省下人事成本「給組長的薪水，掛領班的職務，做主任的工作」這是行不通的，當員工意識到自己的能力與待遇不相平衡時，一定會尋求向外發展選擇出走。但「給主任的薪水，掛組長的職務，做主任的工作」是還可以接受的，職稱就像個代號，重要的是企業管理組織成員到底「知不知道自己實際該做什麼？」注意能力與待遇的平衡，不是職稱要有多好聽。完整的人事制度是為了要求做好：「人有定職、事有定規、時有定序、地有定點、物有定位。」善盡職稱所代表的職責，別讓職稱變成諷刺能力的笑話。

有一對兄弟，對於熱氣球運動一向有高度興趣，終於在一次飛行博覽會，他們花光畢生積蓄買到一個中古的熱氣球飛上天空圓夢

了！可是，飛上天空後卻發現控制降落的小零件壞了，他們不知道該怎麼降落，一直飛到一個大草原。

這時兄弟看到草原上有個人在打高爾球。弟弟於是大喊：「我們現在該怎麼辦？」打高爾夫的人回答：「再飛高一點！創造更高的紀錄！成為世界第一！」哥哥聽完不悅的說：「他一定是公司的董事長，會喊漂亮的口號，卻一點也不了解實際狀況。」

接著熱氣球又往前飛，他們遇到在路上開跑車的人，弟弟照樣求救。下面的人回答：「叫直升機來救你們呀！」說完飆車走了。哥哥：「這一定是總經理，講的話好像有道理，卻一點屁用也沒有！」

熱氣球又往前飛，遇到一個正在看書的人，弟弟繼續求救。下面的人回答：「割掉4根纜繩就能下來啦！」哥哥：「他一定是當經理或協理之類的人，他們的話可以解決問題，可是絕對不會顧慮到你的死活。」

熱氣球持續往前飛，遇到一個在騎摩托車的人，弟弟還是求救。下面的人回答：「請你依照我的步驟作，先慢慢關小瓦斯，接著調整瓦斯噴出角度。」弟弟很興奮地照作……但是下面的人開始罵了：「不對、不對！不要碰纜線！哎呀！還是不對！調節瓦斯要用右手啊！左手調角度！你老是做錯！氣死我了！」說完就氣得騎車跑了。弟弟看著哥哥：「我不知道需要顧慮這麼多細節才能完成，他又是誰啊？」哥哥：「這個人的職務在不同的公司有不同名稱……有的

叫主任、有的叫副理。總之，是直接管轄基層，不上不下的職務。他們說很多話來幫你解決問題，也不管合不合理，你一個細節不照做就慘了！」

　　氣球繼續往前飛，這次遇到一個人散步，弟弟雖然無奈還是求救。對方回答：「請你參考熱氣球操作手冊，接著再依照裡面降落計劃表做就行啦！」說完竟又走了。哥哥：「要我們看一堆說明照做，接著就不管你，一定是 PM（管理師 Project Management）！」

　　氣球又繼續飛呀，眼看就要飄到茫茫大海上了，弟弟看底下有一個正在修理東西的人，他急忙求救。這個人可厲害了！他精準的指導兄弟倆該怎麼調節熱氣球瓦斯，還丟了工具上來幫助熱汽球維持降落的穩定性。熱氣球雖然開始慢慢順利降落，但那些工具卻不斷出問題，最後降落在地上時還讓弟弟摔了個狗吃屎。可可邊拉起弟弟、邊跟他說：「這個人提供了協助，並解決問題，但過程中卻又不斷產生小插曲、形成其他的問題，他一定是個工程師了！」

三十四、人都在做什麼？

去實際看看企業內部「人在做什麼」吧！而不是用想的：「他們現在『應該』正在做什麼！」

以下一篇來自網路上真實的文章，為真實完整呈現，語意、文字，全文並未做修改。

真的愈來愈覺得，大公司的管理，真的沒有人情味可言，我只是一個小小的作業員，也許今天這篇文章沒有人會理我，但是，我還是想說出這些令人感到忿恨不平的事，混水摸魚的人，一天到晚找不到人，雖然上班加班很勤，但是一天 12 小時的班，大概只有工作 5 小時的份量，其他時間，不是在找領班聊天就是不見人影，非休息時間還在外面吃早餐午餐～五天做的工作量，大概是其他人一天該做的量，我不相信沒有人看到，但就是沒人敢說，只因為說了，會害到自己，主管也不會做什麼處分，反而因為被投訴的人會拍馬屁，而受到主管的青睞～每個月積效都飆高……明明年資就很淺，對人說話的態度這麼的目中無人～～為啥可以為所欲為？？？？悶！！！！＝＝+現場有孕婦，明明也跟領班說過了，肚子裡的小孩不是很穩定，不能顧機台常走來走去，明明就有別的工作可以讓他做，明明就有人可以顧機台，我們寧可多顧幾台，也不要拿孕婦肚子裡的胎兒開玩笑，偏偏早就當人媽的領班，卻不能有同理心，叫孕婦顧機台也就算了，竟然還

因為當天人不夠，機台的數量竟然超過標準四台，要大小眼也不要表現得這麼明顯，同樣都是孕婦，為啥別人可以從懷孕開始，每天都顧少少的機台，而他卻要顧這麼多台，就算他是大夜調上來的也不能這樣子操勞人家吧？？？氣！！！！！ヽ／！！！我的好友，在不同部門，每天被主管精神轟炸，上班時間明明就人在現場，還要被叫去罵整天沒看到人也沒在做事情，組長休假日，還要他打手機時時回報現場的狀況，天啊！！！手機的電話費還要自己負擔，好歹也辦一隻專屬的手機，不然一天到晚要打電話給組長，說的話都比跟情人說的還多，帳單來了，臉都綠了吧ノヽ 明明上班時間就是07：00-19：00，了不起下班交接大夜，晚個十幾二十分鐘，人家又不是領班，也不是什麼幹部憑什麼下班還把人家留下來，罵得狗血淋頭……常常都要晚了快一個小時下班……要要求人家做事情，照你的規定至少組長本身要先了解現場的作業狀況吧？什麼都不知道，人家好心提建議，卻被當成要讓你沒面子，你本來就不懂本來就是要多聽多看多學習，就算你是組長又有什麼了不起，還是要學習不是嗎？這一個站別的作業方式你不懂不聽人家提出的問題，只會一昧要求作業員配合，卻又不把人家看在眼裡，說話的口氣像在質問一個犯人一樣，學歷高的人都這樣剛愎自用嗎？？？？煩！！！！ノヽ！！！

　　雖然矽○不會因為一個作業員流失而倒閉，但是，不把基層的人當人看的問題層出不窮……要去人資申訴還要怕被人反咬一口，關懷

信箱的正對面還設了一個監視攝影機，誰敢投？？？明知道沒有一定公平的事，但至少不要擺明了就是這麼不公平，在裡面待久了，只會愈來愈心寒……還有好多好說不清的不公平，我卻只能在我的無名上發洩……為什麼不去人資投訴？因為沒有人敢站出來，大家都怕失去這分工作，一個人的力量，真的很薄弱，但我還是希望……我還是要試試看，至少不是什麼都不說什麼都不做，一直讓自已漠視身邊的人所遭遇到的不公平至少我希望有人能注意到這篇文章，不要漠視最底層的我們……一個小小的矽〇作業員寫出不起眼小員工的悲哀……

這是一篇抱怨文。但不是請大家看他抱怨，是請大家看看他描述的公司「內部人員都在做什麼」？

以上這個臺灣企業的「商業間諜」案，「榮登」世界十大商業間諜案例之一。如果真的只是單純的員工離職卻沒人知道，進而擴大變成商業間諜案，用「荒唐至極」也不足以形容了。到底這企業內的人都在做什麼？

◎節摘自某報採訪　史上17億和解金的商業間諜案

　　為甚麼會指控我們派商業間諜?檢察官主要是提出兩個疑點,首先為甚麼會溢付員工薪資三個月?其實張○○是老員工,他表示身體不好,想回家休息,陳○○想慰留他,就准他回去休息,所以他也一直沒辦離職手續。後來我們知道他去友○上班,才停發他的薪資。針對這方面,我不覺得人事上有錯。(筆者註:愛才與昏庸我都不知道他們怎麼分了?)

　　第二個人事疏忽是多付勞保費一年。這是因為2000年底,我們換電腦系統,但是舊系統沒有同時更換,不只他溢付勞保,有十六個人都溢付了勞保費。

　　控方友○希望我們辭去張○○,他們不滿的是,他還帶走了另一名友○員工。他有沒有帶友○研發的技術回威○我不知道,但他放在FTP網站的東西,威○是用不到的,這一點友○也知道。

　　我們學到的是,未來再發生類似的事,我們應全力配合、主動調查,不應保護當事人,應該先把當事人隔開,直到檢查沒問題,再讓當事人回來。

　　派這位員工去臥底只是檢察官的說法,友○也很清楚說,他們相信我們不會做這種事,即使拿了對方的東西也不致於將它張貼在公開的網站上。他們控告這位員工,主要是希望對外有個教訓,只

是沒想到這事件，會把我和陳〇〇捲入。後來這位員工也受不了這些壓力，主動離職了。

　　以上這個臺灣企業的「商業間諜」案，「榮登」世界十大商業間諜案例之一。

　　如果真的只是單純的員工離職卻沒人知道，進而擴大變成商業間諜案，用「荒唐至極」也不足以形容了。到底這企業內的人都在做什麼？

三十五、職缺已飽和，升遷該如何？

彼得原理告訴我們：企業不該總是以升遷做為獎勵的方式。「讓好的員工可以領接近幹部的薪水，讓好的經理人可以有接近副總經理的待遇」實際給予優秀人員更好的福利，但不要一昧的鼓勵他們往上爬！

企業內部編制的職缺都是依據「實際工作內容的需要而制定」，多少工作量需多少員工？多少員工需要設立一個幹部？多少幹部需要設立一個主管？依此類推上去。企業除非擴展組織體系，工作量不斷增加，不然職缺都應是固定的；既然是固定的，人員與職缺一定有達到平衡滿額的時候，不會一直都處於職缺空懸的狀態。公司短期內若沒有擴展，職缺也不會增加，但是人會進步；人進步後沒有職缺可占，擔心人才出走怎　辦？多次強調職稱只是表象，這時候就靠「調薪制度」來補強。

譬如說，一個組長做了三年，底薪加津貼就是30 K；萬一他的表現很好，領班沒有缺，那他一輩子都只有30 K嗎？這時就可以利用調薪的方法獎勵。調薪要看員工表現調，不能完全參考資歷，總不能「表現很好也調、不好也調，只因為他們同樣都做了三年」，那會失去為激勵員工而調薪的意義。順道一提，有的「好員工」本來就「不適合」當幹部，留在基層對其他員工反而還有很大的「感染力」，所

以好員工也是能考慮使用調薪來獎勵的！總之，調薪跟升遷一樣要有憑有據，應以態度、能力、品德為先，以績效為參考，不能「濫調」。

我看過一個年紀很輕的組長，有能力與企圖心、工作態度又積極，表現真的沒話說；但公司沒職缺給他，薪水調升到直逼一個領班的「級數」。或許有人會質疑「這樣就夠了嗎？」請各位注意到一個前提，組長實際上還是只需要做「組長」的工作，而非「領班」的工作，對一個組長來說，領到接近領班的薪水已經夠了。

企業栽培人才是好的，但也要適可而止；別栽培了一堆人才，也栽培出了一堆「野心」。企業沒有地方放人才也是很糟糕的事，還可能引發人員內鬥；所以員工的工作重心，還是該放在做好工作，不是想著升遷。其實，經營企業都想在穩定中求發展，但能不能穩定也要觀察個好幾年。我們是期望員工與企業是一起成長，大家的目標應該是「各司其職，恪盡職守」，為企業拼出一條康莊大路。當企業有了擴展，也請別忘記「那些年，我們一起打拼的員工。」

※彼得原理〔管理學家勞倫斯‧彼得（Laurence J. Peter）所創〕：一個員工的勝任與否，是由管理組織中的上司判定，而不是外界人士。如果這個上司自己都到達「不能勝任的階層」，可能也只會用「制度的價值」來評斷部屬升遷。例如，他會注重員工是否遵守規範、出勤正常、熟悉表格之類的事；他將特別讚賞工作迅速、整潔有禮的員工。於是對於那些把手段和目的關係弄相反，只會服從而不做

決定的「機械行為者」而言（方法重於目標、計畫重於實際意義、缺乏獨立判斷的自主權、缺乏反應能力），他們就會被組織認為是能勝任的工作者，因此有資格獲得升遷。一直升到「必須做決策」的職務時，組織才會發現他們已到達不勝任的階層。而以顧客、客戶或「受害者」的觀點來看，他們「本來」就是不勝任的！

三十六、升遷要有依據，不是誰高興、誰想就好

員工能升遷，應是由於能力、品德、態度、考核成績出眾。若讓員工升遷只是想給個「頭銜」好看，而忽略職務的實際工作能力時，「職務與職責」就不具任何意義了。「掛名」的工作，任誰都可以做。

不管中國人也好、臺灣人也好，有些公司升遷制度還是改不掉老祖宗留下的傳統－－「內舉不避親」。員工能升遷，理當是由於能力表現出眾，或是已經把份內該做的工作做得很好，可以分擔與學習上面一個層級的工作而提升。不是經理人跟主管高興讓誰升就升，也不是員工誰想升就可以「自告奮勇」，應該是要「有憑有據」。如果以主管「個人主觀意識」決定員工能不能升遷，那企業經理人與管理組織把守的「人事升遷制度」還有什麼標準可言？一個優秀幹部的栽培談何容易？從基層幹部一路做到部門主管，快約2～3年、多則5～7年，有的更長達近10年或以上。幹部的升遷、選用處處都關係到企業文化的理念跟傳承，工作執行結果的成敗，一定要客觀、公開、公平、公正。

客觀：我最青睞的人，不一定最適合當幹部，態度與能力、品德很重要。

公平：不管他是誰的親友團，一視同仁。想要升遷跟其他員工一樣，接受並通過幹部升遷績效考核評比。

公正：「哪怕他是老闆的兒子」！考核都一定是基於公司利益考量為最優先。

公開：幹部人選，一定是在幹部會議上正大光明的討論，有明確正當的事由可佈達員工。絕對沒有內定，黑箱作業。

其他就不要說什麼要天資聰穎、五官端正、還是「跟我很麻吉！」，選幹部不是選美、更不是相親。升遷幹部「大原則」是一切都以企業的利益為最優先，對公司最好的條件下為出發點做選擇；「小原則」則是人格、品性要良正，態度、能力要良好。在這之外的考量，都是多餘且不必要的。

有間公司員工升遷制度，是我看過最離譜的；完全沒有考核，不開幹部人評會議，不看個人績效、能力、品德，走的是「基層幹部推薦制」（正常的企業是沒有這種升遷制度的）。以下敘述何謂「基層幹部推薦制」？

一位女同仁自己是領班，介紹自己丈夫進來公司後沒多久，向主管推薦丈夫當領班。丈夫又介紹了一個朋友進來公司，也向主管推薦這個朋友當領班，就這樣一個拉一個「好康道相報，肥水不落外人田」。該女同仁加上她丈夫、丈夫的朋友、丈夫朋友的朋友，一個接著一個都是領班。沒有考核、不管能力，均是以「人」用口頭推薦。

各位可能有疑問：「哪裡有那麼多領班缺？」無巧不成「輸」，這間公司的領班是我們一般所謂的組長職，組長卻又是人家的領班

職，剛好是跟大多數的公司相反。時遇該公司組織正好急速膨脹，員工人數增加太快，領班缺口「暴增」。口頭上稱呼是領班，其實也都是「有名無實」，實際上還是領一般員工的薪水，只是掛的職稱比較好聽，穿的制服顏色比較漂亮，外加一點「小特權」，季獎金也比一般員工高一點。由於「平日疏於栽培幹部」，需要基層幹部時也不可能靠「挖角」行動來補足基層幹部的缺口，只能用這個方式來升遷幹部。再讓我們看看這些人升領班後都做了什麼？

　　這間公司有配合大學做建教合作，大學生是上課三天、上班三天。學生又分兩個班次輪替，A班學生是禮拜一、二、三上班，四、五、六上課；B班學生是禮拜一、二、三上課，四、五、六上班，禮拜天學生都是休息。大學要唸四年，建教合作生當然是來公司實習四年；很多大學生唸到了大三後，在公司內累積了不錯的工作能力，實力堅強的被企業分派到各個單位交由領班管理，領班多會指派他們做OFF LINE人員的工作（註1）。大學生都是涉世未深的年輕人，領班則都是來自社會的「江湖人士」，學生相對比較起來就很「嫩」，領班交待做什麼、學生當然就乖乖照做。久了以後，領班們也很「理直氣壯」的把自己全部的工作都丟給學生做，上班打完卡、點完名就「逍遙」去了。到了快下班前，再回來露個臉、點個名、驗收工作，

註1：線外人員（OFF LINE人員）就類似我們所謂的儲備幹部。通常都是在旁協助領班帶領生產線的工作，不直接投入生產線人員的行列。

結束「快樂又充實的一天」。

「為什麼其他不是學生的員工沒有反應呢？」因為正式員工都忙著做自己的事，其他的多是「派遣工」跟外勞（前面已經談過派遣工，「不在乎……」）。而這些領班又是「裙帶關係、環環相扣」（註2），儼然已在此企業基層部門形成一股「特殊勢力」，偶爾還會集體濫權、彰顯「裙」威，員工哪裡還敢過問「領班去哪裡了？」類似的事情，還不僅是發生在這家公司的「一個」部門。

最後，這些領班因為過度壓榨建教生，被集體投訴到副總那裡，其中那位女領班的丈夫，在這之前就已經被學生投訴高達「三次」。終於降級的降級、調職的調職。整件事誰造成的？他們組長；為什麼主任不知道？因為都沒去督導；副理呢？他相信主任「應該知道」要把自己的部門管得好！經理咧？最後就是副總「請」經理去收爛攤了（為人部屬，千萬別等長官來「請」我們做事）。

在我看來，這些人能當幹部只是因為比較早進公司，其實並無特別的「才與德」，而升遷方式看起來跟老鼠會差不多，「一個拉著一個」。若是老闆知道後會不會想：「這是什麼幹部？什麼團隊？簡直是一團爛泥！」幹部是如此升遷上來的，企業會有競爭力嗎？請別懷疑故事過於誇張，可悲的是全都是真實的，還發生在「臺灣國際知

註2：裙帶關係是指「裙帶：比喻妻女、姊妹的親屬。指相互勾結攀援的婦女姻親關係。或指任人唯親：用人與關係的好壞相關。

名手機大廠」的內部。「為什麼我會知道？」因為都是親眼所見。後來，還有一個更「烏龍」的故事是這樣：

甲跟乙兩人進公司前就已是朋友，進公司後甲、乙兩人又在同一工位站工作。某天甲、乙兩個人發生口角，進而發生肢體衝突，領班出面調解後發現，甲原來是希望乙「上班不要打瞌睡」才發生衝突的。於是他呈報上級，希望提升甲為幹部，原因是：「公私分明，盡忠職守！」

這是什麼理由？結局看的連員工都是啼笑皆非、哭笑不得，因為這個甲還真的升幹部了！簽報這個升遷理由的領班，就是那位女領班的丈夫。企業幹部若是都這樣提報升遷，不免讓人有種「匹夫庶子、不相與謀」的感覺。

三十七、沒有「誰」的人，只有「公司」的人

企業中所有的人（包含經理人），都是領公司的薪水做事情，全部都是公司的人！不應該選擇為誰特別盡忠和效力。

在企業中，我們常常會聽到：「他是副理的人！」、「他是主任的人！」（有沒有閃過幾位誰是誰的人？）說這個話，若指的是「企業工作組織的團隊架構」就沒有問題，因為某人的直屬上司本來就是主任或是副理。在上述情況以外，指的是另一種「企業內部派系分立的意識形態」就很要不得。雖說幹部、員工均有分層，層層節制，但畢竟是在正常合理的管理制度下為前提，絕對不是指員工與員工、主管與主管之間的派系分立。企業內部一旦分出派系，很容易產生「切西瓜效應」（台語：西瓜偎大邊）與「官僚」，這類情況的產生會讓很多本來該做、該對的事，終會因「人」而變得沒有正確與適當的結果。

從經理人的管理角度看公司，經營管理者沒有「灰色地帶」，一切都有是非對錯。經理人與管理者是被企業授予權力之人，在權力的使用上要客觀與節制，絕對不應該想：「誰是誰的人……」進而模糊了每個員工應該有的「是非觀」。久了以後，變成一種「大家習慣就好」的心態，造成日後管理組織與員工的阻礙，在企業內部因「擴張派系勢力」鑄下大錯。

案 例

◎鴻海爆集體收賄 台幹遭中國收押 節摘 自由時報 2013／1／10

〔自由時報記者蔡乙萱、陳慧萍／台北報導〕最新一期壹週刊以「郭台銘怒砍老臣、富士康高幹遭公安收押、鴻海驚爆集體貪污」為標題,指出富士康一名台籍幹部已遭中國公安收押,至今仍未有下落。

廠商向鴻海檢舉 郭董令嚴辦

根據報導,鴻海集團爆發高幹集體向廠商收賄事件,經廠商向鴻海高層檢舉,鴻海董事長郭台銘得知後非常震怒,除下令嚴辦外,鴻海也立即向中國公安報案,涉案的技術委員會(SMT)總幹事兼經理鄧志賢已在去年九月十三日遭深圳市公安局逮捕。

報導指出,由於事出突然,多名疑似涉案的台幹紛紛棄職逃回臺灣。遭公安逮捕的鄧志賢已羈押近四個月,焦急的家屬至今仍四處求援,鄧的哥哥及叔叔更赴中多時,希望能就近打探更多消息,協助鄧志賢早日獲釋或回台接受調查。

技術委員會總幹事 被押4月

根據週刊報導,事件起因是鴻海集團行政總經理兼商務長李金明數月前,收到檢舉函;指在鴻海內部有「天下第一會」之稱的「技術委員會(SMT)」高層,倚恃手中握有簽核各事業群購買機台

設備等採購案的生殺大權，長期向供應商索賄。

　　由於檢舉函還檢附可疑的帳冊等資料，可信度極高，李金明立即向董事長郭台銘報告，郭聞訊大表震怒，當即指示徹查到底。

　　上述案例就是由外人向公司內部高層檢舉所查獲，內部員工卻完全沒有人主動舉報公司。貴公司裡是否也有「天下第一會」呢？

三十八、企業與經理人的法治精神

　　古希臘哲學家亞里斯多德：「法治比任何一個人的統治來的更好。」企業內法規建立的根本精神就是為求：「管理行事公正，區分是非觀念，人人機會平等」三大原則。

　　企業內部就像是個「小型社會」，亦有企業管理規範（註1）來規定企業裡的一切人、事、物。經理人不重視「法治」（註2）的話，企業管理規範將變得沒有效力，除了造成企業內部組織的執行力成效不彰，成員面對法條命令也顯得毫不在乎。另從企業外部的立場來看，經理人沒有法治精神，可能還會因法律常識、道德觀念不足，讓自己的行為過度偏差、做出錯誤決策、違法犯紀等行為。大可牽連企業涉及觸犯國家的法條律令，小則是自身身敗名裂、鋃鐺入獄，情節嚴重者更可能兩者兼併，實在得不償失。

　　施振榮先生於2013月 10 月 31 日參加「臺灣社會企業願景高峰論壇」時提到：「社會企業的法治精神，還須設定明確的公益目的，

註 1：企業管理規範是企業管理中各種：管理條例、制度、標準、章程、辦法、守則等……的總稱。它是用文字形式記載規定管理活動的內容、程序和方法，是企業管理人員的行為規範和準則。

註 2：法治精神整體定論很廣泛。可從國家憲政、法律層面、社會道德、企業責任、公民行為等觀點都有論述。筆者在此章所提經理人的法治精神，是以「在既有成形的企業規範與社會規則下應謹守法規，做好治理企業的工作。」

獲利是以擴大公益事業為主、限制盈餘分派、設立公益董事、財務須申報主管機關等。」可見企業與經理人的「法治精神」並不是僅限於法律問題，還包括企業對社會的道德公益，不可輕而視之。（2013年底日〇光工廠「違法」排放廢水案，足可為各企業與經理人要重視「法治精神」的借鏡）

談到企業內部「法」的部分，筆者想法很堅持：「企業與經理人要尊重並支持管理者在企業內部『執法』的作為，頂多是建議與關心，絕不要直接介入。」企業主或經理人因一念之仁首開了先例，往後企業內部會人心盡失，一切相關制定規範皆淪為「擺飾品」。

20 年前KTV市場初期正逢勃發展，便利超商的密度也沒有現在高，業者除了賣包廂、賣時間，最好賣的就是菸和酒。，KTV內設置的販賣部營業額幾乎占公司 2～3 成的業績，而這兩樣商品在KTV內是賣一樣賺近 0.5 倍，因此業者和經理人最防範的事是「內部服務人員私自偷賣菸酒給客人」。以一瓶「黑牌約翰〇路」為例，外面大賣場頂多是700～800元，這酒要是經過了KTV公司賣出，賣價可達到1200元上下。想想服務人員若私賣，什　都沒做就利用公司賺幾百元，萬一服務生都私賣菸酒，公司整體營收業績就會被往下拉，大可損失至數十萬。以前業者只要抓到員工偷賣私酒，一定開除並且加倍罰錢賠償。有的「道上兄弟」經營酒店，服務生發生這類情事甚至會被「教訓」一頓。

有個業主破例了。一位櫃檯主任，利用自己清點公司庫存酒的職務之便，把客人寄放快過期的酒先用「假領出」的方式，讓酒看起來像是被客人領走的，註銷掉這些酒的庫存資料，後把這些酒再轉賣給其他現場的消費者。等於他只要在電腦資料跟倉庫裡動動手腳，讓根本沒來的劉得划先生領出 6 瓶「海〇根」，再把 6 瓶「海〇根」賣給現場要買酒的郭婦城，就可得手其中利益。轉賣的錢還平均分給自己直系下屬，讓部門形成一個「共犯結構」。這比起服務人員「買酒來賣賺差價」還更不可原諒，他做的是無本生意！「那能賺多少？」這方法假設到了我手上，再改變一下就不只了，「既然能利用職務之便註銷，就能弄『庫存』來賣，那就不是『只賣 6 瓶了』，一天要賣 60 瓶都沒有問題；幾乎可以讓我在公司內部當個『小盤商』。」這就要看經理人跟企業幹部有沒有法治精神？雖然我可以，但是不能做。

　　最後，事情被其他新進的櫃檯人員舉報給經理跟副總，讓這長期存在的集體弊端浮上檯面。但經理跟副總卻不能直接懲處櫃檯主任，雖然他們負責公司的經營管理，但財務方面相關人員卻不在他們的管轄範圍，懲處還需要報請總經理與董事長召開「幹部會議」議處，才能定調最後處分結果。會議中，經理依照「公司規定」堅持嚴辦到底、力決開除，董事長卻帶念這位櫃檯主任是「開業老臣」為由僅記大過，還定調：「一切都是櫃檯內部人員的『權謀鬥爭』！」讓這經理聽了更是不可思議。後對副總跟總經理表示，自己不斷對幹部

和員工宣導遵守企業規範的理念，沒想到櫃檯主任利用職務之便，賺取利益卻僅記大過處分，老闆甚至還幫忙定調是內部鬥爭。這對他長久以來堅持的理念、作為，已造成重創跟打擊，最後以「理念不合」為由堅持求去。

至此之後，這間KTV再也沒有人重視偷賣私酒的問題，一些幹部也開始不重視企業規範。公司也在這位經理離開後的兩年內，經營不善轉手易主。可惜嗎？值得嗎？為了一個「開業老臣」，失掉一位優秀的經理人，還賠上了企業前景。

三十九、開源憑本事，節流要控制

　　經理人在企業內的最大價值，就是協助企業做好投資決策，增加公司的營運績效收入。不能單是一昧的省錢，卻無實際作為來有效提高企業營收。

　　「開源節流」我們不陌生，用個人的觀點來看：「當一個人賺進了足夠的錢，除了可以選擇過比較優渥且品質較好的生活，還能規畫用多餘的錢來投資賺取更多的收入」稱之開源。是一種完善的投資規畫，非本能反應，不是誰都可以做得來，經理人要憑藉真本事，才能為企業選擇帶來更多經濟效益的投資。企業開源必須做得比節流更好，大多都得靠經理人團隊協助。

　　「股神」巴菲特在一次專訪中，談論到「經理人的賺錢能力」時表示：「我給一位經理人的最高口頭評價：『他能像公司其他人一樣行事和思考。』不但能一直緊盯公司的基本目標，提高股東的資本報酬，還能理智地推進這一目標。我很欣賞這樣的經理，他們能承擔自己的責任，向股東徹底地、坦誠地匯報公司情況，並有勇氣拒絕盲目地仿效同行。」另外，他還認為：「大多數的經理十分不應該的是在披露公司信息時，總是形勢一片大好的豪言壯語，卻不是誠實的作出回報。這些經理們只考慮他們自己的短期利益，不顧股東的長期利益，而這樣的企業是很難晉身優秀公司之列的。」

俗話說：「賺錢的速度永遠追不上花錢的速度。」企業的資金收入來源不夠多，資金水庫怎麼能夠深？沒錢，要怎麼研發新技術？開發創新產品？買進更精良的機器？禮聘更多優秀的人才？給投資人更多信心？因應企業大環境危機時壓縮的開銷？這些事都需要有足夠的「銀彈」來達成。不能夠幫企業賺進更多的錢，只是一昧的省錢，企業必須一直投入的事務經費也省不出來。不懂得開源的重要性，那經理人的經營能力在企業中，又剩下多少的價值呢？

省錢人人都會，不一定要當上經理人才能做。當一個人沒有能力賺進足夠的錢，必然開始選擇過拮据且品質較差的生活，縮衣節食的束扣西減來求生存空間，在空間中尋找轉機，是人求生存的本能反應。但是因為精打細算而省下更多錢，從中避開更多不必要的浪費，才算是真正的節流規畫！

有次家母在做飯時，突然冒出一句話：「家裡就你、我兩個人，但吃飯用的碗盤加一加有 4、50 個那麼多。」引發我思考了一下：「對呀！家裡就兩個人，碗盤怎麼那麼多呢？」我馬上又聯想到公司內，是否也有類似浪費的問題？不需要用到的人、事、物太多了，結果卻都是浪費。有的人、事、物在決策時，經理人就該分析好：「花錢在這上面是否為重中之重？」倘若花了錢卻不是有其必要的原因，是否會淪為一種浪費？那有真正的做到節流嗎？

經理人在企業不賺錢後，開始想省電、省水、省人事費用、省材

料成本，但省錢也要省在對的地方，控制的適可而止。拿製造產品來說：從買進材料開始，到產品製造完成，再到上市；過程的確能省下很多錢，可是有沒有想過產品「品質」也可能一起省掉。光是一直思考：「能再省下多少錢？」來增加企業營運績效收入，都是有限的。

　　節流當然是很好的，更好的是，企業一開始營運的時候就要規畫它，少賺錢的時候做已經略顯晚了。「由儉入奢易，由奢入儉難」節儉本是種美德，相信大家都能認同企業讓員工養成這樣的好習慣。特別是「節約能源」對一個企業來說省下的金錢是很可觀的，一個企業體少說幾十人多則上萬人，每個人要是都能確實做好節流，便是種良好的企業文化。

　　企業與經理人甚至可以研議制定獎勵方式，鼓勵企業員工去做。將省下的錢設立節約獎金或反應在員工福利、公設上面，都是可以考慮的方向，這本身就是一種經營兼併管理。很多企業的經營管理階層都有陋習，錢賺到了、省下來了，卻只把利益撥給少數人，也就是少數人自私「惡魔」的心態，讓企業很多「開源節流」的經營管理計畫，執行無法貫徹達到全面性。

四十、經理人最該怕的是成功，而不是失敗

愛迪生：「登高必自卑，自視太高不能達到成功，成功者必須培養泰然心態。」凡事不停專注，才是保持成功的要點。

小學有次考試，得了平均 90 分的成績，至此之後只要平均未達90 分，父親便疾言厲色：「為什麼以前可以，現在不行？」經營企業也是一樣，失敗了只是還沒成功，堅持下去成功終會來臨。若是一旦成功，就要開始面臨挑戰更新、更大的成功。絕對不能就此自滿，沉浸在勝利的氣氛裡，或不去思考原因，妄想著經營績效就此一直上升。萬一不升反降，老闆們必會開始疾言厲色，覺得公司內部一定出了問題，質疑經理人：「為什麼以前可以，現在不行？」

彼得・杜拉克在 *Peter Drucker on the Profession of Management*（註 1）一書中談到：「經理人的『經營假說』應保持一種『預防勝於治療』的想法，除了要研究本業以外的領域，另一種方式就是『放棄』（Abandonment）。每隔三年，管理組織都應該挑戰現有的一切，進而質疑所有的產品、服務、政策、配銷通路；透過『質疑』那些已被大家接受的政策與業務運作程序，來讓管理組織強迫自己重新思考行之有年的『經營假說』（也就是「經營管理上的固有模

註 1：*Peter Drucker on the Profession of Management*, 1998年出版，譯名為：彼得・杜拉克論經理人的專業。

式」）。檢視自己對應外在環境的「固有模式」是否會開始慢慢與現實世界脫節？並且自問：『為什麼5年前一切順利的做法，現在行不通了呢？是不是我們犯了什麼錯誤？還是我們現在做的事情不對？或是我們做的事情是對的，卻沒有產生預期的效果呢？』。」

以上的「放棄」，就是一種對自己經營管理方法的「懷疑」態度，利用這種做法不斷改良成功的經營模式。而時代進步之快，商業上的創新經營模式，其實已經容不下經理人隔一個三年、五年去做，而是走在更迫切的「眼下」。前面黑莓公司的一個「延誤三年」，又面臨競爭對手的「快速發展三年」，來回就等於停滯了整整六年。

經理人成功為企業拉高績效了以後，不該先慶祝、應是先質疑：「績效變好了！為什　？」對於企業來說經營績效變好，一定是包含了自己在市場及業界上的優勢。若只是來自太單純的供需，經營績效才會好，根本就不值得太高興，這種好都是曇花一現很短暫的。相反，不是單純的供需原因，就要設法找出「未來新優勢」，快速專注的分析、延伸，以創出更新、更好的經營模式為努力目標，確保後面的經營能繼續走在最前端。

反觀很多的企業經營管理階層，在創出經營績效的高峰後，態度就開始變的志得意滿、散漫，覺得自己是「世界第一」。底下的工作團隊則是開始搶占各種資源，想要準備占什　缺？自己有什　福利要爭取？股票準備分幾張？怎麼跟企業開始談條件加薪？急著勸

進老闆拿多少錢來再投資開分公司？每每看到這種場景不免引人聯想：「他們是經理人嗎？是執行長嗎？他們是電影《投名狀》裡的趙二虎吧！搶錢、卡位、分股票！整個心態就好像經營績效是搶來的一樣。」行為、心態和員工因為升遷就大肆慶祝也差不多，目光短淺。浪費時間在這些事物上的同時，競爭對手可能已經急起直追了！

經營企業的成功，有時真不如失敗來的更可怕。各位如果已是經理人了不妨隨機在公司抽問員工：「公司哪裡好？優勢在哪裡？」要是員工連一個項目都辦不出來，就該覺得：「自己太失敗了！」員工每天進公司都不知道！還有誰會知道？顧客會知道嗎？筆者引用郭台銘董事長說過的兩句話：「我 24 小時都在思考如何創造利潤，每一個決策都可能影響數萬個家庭生計與數十萬股民的權益。」

成功也不過是如此：「當一個階段性的任務及競爭，取得了大部分的優勢及領先，那便是成功。」是的，只是「階段性」。前面我們看到一些曾經很成功的企業最終卻失敗了，就是因為怠惰了。商場永遠在競爭、工作永遠要進行，經營企業要想著「永遠持續再創新的成功存活下去」。在商場一片講究「創新競爭的廝殺戰役」成功存活下來之後，又要不停的重覆面臨「持續＋再創新＋成功＝存活」。

「天下人才出我輩，一入企業歲月催，皇圖霸業成功後，不勝人生一場醉。」世上沒有什麼事是「永遠不敗」的，喝個兩杯啤酒放鬆一下，睡一覺起來又要面臨新的任務、新的計畫。未來學家阿爾文‧

托夫勒如是說：「生存的第一定律，沒有什麼比昨天的成功更加危險。」（註2）

註2：阿爾文‧托夫勒（Alvin Toffler）當今最具影響力的社會思想家之一。1970~1990年出版《未來的衝擊》、《第三次浪潮》、《權力的轉移》等未來三部曲，享譽全球，成為未來學巨擘，對當今社會思潮有廣泛而深遠的影響。是未來學大師、著名未來學家。

四十一、自大很恐怖、會讓天使掉入地獄

　　一個出自天主教與基督教的「傳說」，可以告訴我們自大與驕傲的可怕。

　　一天，上帝帶聖子（耶穌基督）巡遊天界，並讓眾天使向聖子下跪參拜。由於天使是沒有「實體」的能量體，而聖子除了沒有獲得上帝的「力量」之外，卻與上帝一樣擁有「實體」。上帝認為擁有實體的聖子地位僅次於自己，但「天使」路西法（註 1）認為聖子根本沒有力量，憑祂自己擁有上帝賦予的「七分之六」的上帝力量，為何要向聖子下跪？是對其尊嚴的侮辱，於是拒絕向耶穌基督跪拜並反叛；後率天眾三分之一的天使於天界北境起兵造反，經過三天的天界激戰，路西法率領的叛軍被耶穌基督率領的天使軍團擊潰，在渾沌中墮落了九個日夜才落到地獄，成了我們傳說的撒旦（惡魔）。

　　雖然只是個傳說，卻警惕人們自大是如此的可怕。在天主教與基督教的七誡中，自大就是第一誡，而本書中提到的一些實例，幾乎

註 1：路西法（Lucifer）在天界原名路西菲爾、六翼天使，也是上帝所創造的第一位天使。傳說中祂的力量僅次於上帝。另外一說是在「以諾書」（又名為《衣索比亞以諾啟示錄》是本啟示文學）裡提過撒旦（Satanael）這個名字，書裡指說他是看守天使的一員、撒旦和基督是上帝的雙生子，撒旦也是為天使地位中最崇高的天使，長坐於上帝的右席、被視為上帝的右手。因為想更進一步取得和上帝平等的地位，便和他帶領的三分之一天使被逐出天界、墮入地獄。

都與經理人的自大、自滿、驕傲有關。自大可分為兩種：一種是有能力的自大，一種是無能的自大。

有能力的自大：即是當一個人的能力太強，認為多數人能力不及於自己，呈現出來的一種傲慢態度。雖然在某種程度上，確實不會影響能力表現而招致失敗，但是容易招來嫉妒；「人不招嫉是庸才。」若此時再加上自大、驕傲的態度，就不止是招來嫉妒那樣的簡單了，引發的可能是一連串人為的陷害、排擠、孤立、自我迷失，最後終致失敗。

無能的自大：一個人根本沒有任何能力，也不表現的很突出，自大完全出於「自我感覺良好」，可以說是「因愚蠢顯得狂妄，因狂妄顯得固執，又因固執而顯得愚蠢。」完全漠視別人對他的真實評價。這不但根本對他的能力無濟於事，還會因驕傲的態度引發陷害、排擠、孤立、自我迷失，最後同樣導致失敗。

《孫子兵法》中對於真正善用兵法者有很好的解釋：「兵者，詭道也。故能而示之不能，用而示之不用，近而示之遠，遠而示之近」。意思是：「作戰，是欺詐詭變之術。能攻打裝作不能攻打，準備打仗卻表示不想要打；準備奪取近距離目標，卻故意在遠處佯動，準備奪取遠距離目標，反在近處佯動。」我把它做了以下的修改常提醒自己：「能者，隱道也。故會而示之不會，精而不示之精，尊而示之卑，強而示之弱。」意思是：「能力強的人，懂得鋒芒內斂的道

理。會做卻表示自己不太會，很專精的事從不自己說嘴，位階很高卻表現的態度謙卑，能力很強卻謙稱自己能力不好。」

有的人在創出一番成績後，特顯高調、傲慢，但經理人身負重大的企業經營管理職責，這樣的態度、行為，不僅對自己日後工作不會帶來進步，更可能會連累整個企業經營團隊掉落谷底。

四十二、經理人心中沒有重要與不重要，只有全部都重要

保持中立的態度、高度的正直，才能保持工作和秩序之間的平衡。

一些企業管理學者的論點，告訴我們計畫工作要分出：

（1）重要很緊急。

（2）重要但不緊急。

（3）不重要但很緊急。

（4）不重要也不緊急。

但我個人時有質疑，企業內有什麼事情是不重要的？所以又把它改分為：

（1）重要很緊急。

（2）重要但不緊急。

（3）次重要但很緊急。

（4）次重要但不緊急。

經理人在企業面對工作「只有都重要，沒有不重要」，偏向單方造成比例過重是不當的，通常會導致矯枉過正。以下列舉出四項比較常見的情況，而大方向都是建議經理人要遵行：「中庸之道，不偏不倚。」過分偏向一邊，而忽視另外一邊都不是太好的。

只重視行銷策略而忽略生產技術，會造成「供需失衡」的缺失。太過專注於企業產品的推廣，忽略了生產技術的重要性，導致訂單接了 90K 出貨量，生產技術卻只能做到 60K，形成「求過於供」。反之，則造成「供過於求」。

　　只重視生產技術而忽略創新研究，會造成「削價競爭」的困境。太過重視生產技術，認為大量生產商品就是企業當前所有營收來源，放任創新跟研發的工作牛步進行，甚至不重視。相同的產品做太久，沒有推陳出新跟變化，以致市場越來越小，產品失去競爭力只得削價競爭。反之，創新產品做過多可能造成「有價無市」。

　　只重視團隊競爭而忽略內部和諧，會造成「爭權奪利，勾心鬥角」的內耗。過度重視內部團隊之間的競爭，造成團隊之間彼此漠不關心，一切都以自身利益、權利為優先。看到其他團隊發生自己能解決的問題，可以幫忙的卻完全不想幫忙，袖手旁觀等著看笑話，久而久之形成變相惡鬥、內耗。反之，太過重視內部和諧，又變成「和樂融融，一事無成」。

　　只重視工作效率而忽略產品品質，會造成「良莠不齊」的瑕疵。過度重視產量是否達標，忽視良率跟品質問題，就算能做到目標產量，卻可能有許多瑕疵品及高不良率，有的還可能流入市面販售。反過來又變成只在乎產品品質很好，工作效率上卻大打折扣。

　　除了上述列舉外，有一些事件的發生時，要先以「結果」為「重

要」判斷條件，這也決定了我們該如何選擇處理事情的先後順序。我曾經被問過一個問題：「假如有兩件事情同時發生，都是很重要、很緊急。A 事件是很久才發生一次，但它一發生就是大事；B 事件是常常發生，也是屬於重大的事件。可是，我們一次只能解決一個，該如何選擇？」這樣的問題太模稜兩可，就要用「結果」來判斷。假如一個員工因操作機器導致發生意外，「處於極度危險中」，最嚴重可導致喪失性命；另一個員工操作機器不當，導致產品製造發生瑕疵，但他本身「不處於危險狀態中」，嚴重指的是讓公司白白損失幾十萬。這就是在面臨「結果」不同的情況下，要怎麼做出選擇？以上無疑，人的生命當然是最重要的，不可能為了顧及公司損失幾十萬而忽略救人性命。

企業內部待人處事還要注意：「切莫單憑管理者個人的好惡，覺得哪些人、事、物重要與不重要，形成差別待遇。」真的不重要，又何必存在公司裡？有些人、事、物，也許在我們直接感受上來說，不是那麼的深刻，但是他們絕對有其存在的重要性與價值。真的覺得「不重要、沒價值」，也就「沒存在的必要」了，大可以「人開除他、事無視它、物丟棄它！」不然，我們就該重視。

四十三、實事求是，慎察為真

以審慎客觀的態度，管理企業的人、全部的事，避免造成人為處理失當，讓不該有的不良反應擴散。

人類世界有種很慣性的思考邏輯。100個人，有 99 個人同時說一個人不好，我們聽到後可能也會認為：「對！這一個人就是不好！」或許可以接著觀察：「為什麼沒有人說他好呢？」原來背後有陰謀「那 99 個都是準備做壞事的人，只剩下這一個不是。」於是問題更嚴重了！只是一個人不好，我們很好解決，發現真相後是有 99 個人不好，想解決就很困難了？電影《五億探長雷洛傳》的故事不就這樣（註 1）。當組織內發現人員與事情的問題，經理人一定要親自為問題找真相、查原因。

一個員工不好，可以教他、救他、改變他，99 個員工不好，要怎麼教他們、救他們、改變他們？這個舉例的人數比例，也許只有電影裡會發生，但我用它來凸顯：「經理人面對任何事情都該要實事求是的觀念。」以人與人相處的方式舉例，是因為「員工組織的管理是以人性為出發點」，人性就是如此複雜多變。筆者不敢自比偉大的思

註 1：《五億探長雷洛傳》，真人真事改編的傳記電影。起初雷洛對於警察收受各種名義黑錢的行為頗為反感，但是在經過同袍排擠、身世被羞辱後，經長官對他的思想點撥，開始接受，並變本加厲的利用這個發財做法，成為當代最具代表性的黑金人物。

想家與哲學家，仍不免感觸，在企業中經過多年的歷練，還是無法琢磨出「如何降低人的多變性？」

當經理人參與制定企業員工規範時，可以發現「懲處員工的法條永遠比獎勵員工的法條多。」而經理人所能扮演的，只是企業行事規範底線的最後一把尺，不是萬能的「GOD」，不能百分之一百的準確定論每一件事。實事求是的態度，也是讓我們在面臨任何決策選擇時，協助做出正確判斷的依據。任何事情都不能靠聽來的、臆測的，一定要自己親眼所見、實事求是、慎察為真。

我曾因「無法無天」四個大字，希望幹部要謹守實事求是。事情發生大約十多年前，在某家餐飲企業擔任主任時，有天進到辦公室裡準備打卡上班，猛一然的看到辦公室行事曆白板上，寫著「無法無天」四個大字。當下直覺發生大事，馬上以無線電呼叫當班組長，看能不能夠釐清怎麼一回事？

我：「組長，請問白板上的『無法無天』是怎麼回事？」

組長：「『無法無天』是我寫給員工看的。」

我：「可以告訴我原因嗎？」

組長：「今天一上班就發現，我的無線電不見了，平常都有收好放在固定的地方。我認為，一定是員工拿去用完沒有物歸原位。」

我：「那你有想過可能是別的幹部借去用，忘記歸還嗎？」

組長：「沒有，我認為一定是員工，他們常常這樣。」（天呀～

他們常這樣！？）

　　接下來，我先跟他解釋，他第一個不該做的事，寫下「無法無天」。幹部是導正公司員工行為規範的榜樣及權力義務人，連幹部都能在辦公室寫出「無法無天」，跟警察上街巡邏在路邊用噴漆噴上「目無王法」一樣的諷刺。這顯得企業幹部沒有作為，員工才會習慣隨便；物品拿了沒有定位，怎麼沒人教？還是教而不善都沒人反應上來？我告訴這位組長，他的這個舉動不恰當，是他錯的第一點。再來，公司裡有幾十個人，你偏偏就是一口咬定員工、排除幹部，這樣對員工的偏見太深了。不然，也可以認為是我、或其他同職幹部，但是卻沒有。這又可能造成員工有兩種感覺，一是針對他們、二是自取其辱，你自己身為幹部，公司內若無法無天的話，是誰造成的呢？當然是管理人員。

　　其實，我不是責備他，只是希望他「朝向各種可能因素去想」，真相大白前不該臆測單一可能。到了當天晚上，我沒有忘記要追查這件事情的始末。在辦公室等到晚班的組長來了，我問他：「有人借了早班組長的無線電沒還嗎？」晚班組長解釋說：是他的臨時摔壞，先借用早班組長的，用完後他忘記物歸原位。接著，我再把早班組長請來辦公室，讓他們面對面說清這整個事情的經過，順便告訴他們，處理公事上該遵循的規則「實事求是，慎察為真。」

案 例

◎同事投票表決 開除工程師 主管稱徵詢意見遭控不當解僱

節摘 蘋果日報 黎百代／桃園報導 2013／11／24

公投資遣，沒過半仍丟頭路！桃園一名工程師昨控遭不當解僱，表示主管兩度要17名同事以電郵，對他的去留投票表達意見，雖贊成他走人的票未過半，但仍被要求資遣，他氣憤說：「我要爭工作權！」前天已向桃園縣勞動及人力資源局申訴；其主管昨解釋，該工程師是不適任遭資遣，發信只是徵詢意見並非表決。

聯電集團轉投資的聯景光電公司位於桃園縣，從事太陽能電池製造，在該公司任職近兩年半的蝕刻課設備羅姓工程師(33歲)，昨向《蘋果》投訴遭到同單位賴姓課長，以17名同事投票方式決定其去留，害他遭不當資遣。

＊身為一個課長級以上的管理幹部，資遣員工還得「徵詢其他部屬的意見」，不能用「實事求是」的方式處理，累的公司上新聞版面、造成負面形象；大家會不會覺得應該被資遣的人是這位「課長」。

四十四、經理人的謹言慎行

天道酬勤、人道酬誠、地道酬善、商道酬信、業道酬精。

鑒於看到太多經理人言行不一的行徑，故分享《論語》裡的這幾句話，覺得十分切實。以此為經理人謹言慎行的準則，希望經理人能惕勵自己。光芒集團董事長范朝洪，在2008年也曾用不同方法論述：

1. 天道酬勤（上天厚愛勤奮的人，有耕耘就有收穫。）

從滴水穿石，就可以深信這個道理。人必有惰性，但只要靠規律就能培養出一個勤字。每天固定背一個英文單字，一年就有365個單字；每天讀一篇文章，一年就有365章。這是小時候大人們常說的「勤學」方法，無非是靠累積來達到進步，一次讀365篇文章當然很難，把它分散就簡單得多。

從當經理人開始，我就強迫自己養成一個習慣：「每天一定要寫工作日誌！」，而工作日誌的內容一定務求真實。寫工作日誌對我個人而言好處很多，除了記錄下每天完成的工作，也從中檢視自己有什麼該做沒做的，或做得不夠好的。凡走過必留下痕跡，我曾用一年前的工作日誌，跟一年後的相比，才發現自己過去很多執行工作的方式不夠好。有時回頭翻閱舊的日誌，就能改善一些週期性工作的執行，也能藉此檢討自己有沒有進步？

公司若發生的特別事情我也會記錄下來，利用這些事當做活教材

留給日後的幹部參考。這樣做確實是有助於自己更加完善地檢視工作內容，寫久以後將成為一種難以改變的習慣，一天沒寫就覺得今天就算做完了什麼工作，也像沒有完成一樣。

2. 人道酬誠（做人處事，以誠相對，坦白能得到人心。）

松下幸之助有次在一家西餐廳招待客人，一行六個人都點了牛排。等六個人都吃完主餐，松下讓助理去請烹調牛排的主廚出來，還特別強調：「不要找經理，找主廚。」助理注意到，松下的牛排只吃了一半，心想一會兒的場面可能很尷尬。主廚很緊張的來了，因為他知道請自己來的客人大有來頭。主廚惶恐的問：「是不是牛排有什麼問題？」松下幸之助：「烹調牛排對你來說一定不是問題，但是我只能吃一半。原因不在於你的廚藝，牛排真的很好吃，你是位非常出色的廚師，但我已 80 歲了，胃口大不如前。」主廚與其他五位用餐者聽完後，困惑的面面相覷，大家過了一下才明白怎麼一回事。松下幸之助：「我想當面和你說，是因為我擔心吃了一半的牛排被送回廚房時，你看到心裡會難過。」

換個角度看經營企業、管理工作，經營要顧慮到外在社會大眾對企業的期望，管理是為了內部團隊的協調與競爭力，總是有些難解的問題跟嚴格的要求。做錯了事或是遇到困難，都不應該選擇逃避，而是要「坦誠以對、明白表達」。尤其，企業與經理人不要一直想用「只對自己最有利的方法」解決難題，日後一定不得人心。

案 例

◎頂新道歉 賠償滅火 商譽瀕臨破產

節摘 華視新聞 2013／11／6

頂新被爆出買了大統黑心油,讓這個食品業界屬一屬二的本土企業,面臨商譽破產以及經營的困境。雖然集團龍頭魏家四兄弟的三董魏應充和四董魏應行,昨天出面鞠躬道歉,還準備了5000萬的賠償基金,魏應充也辭去了GMP理事長的職務。但是,第一時間沒有出面承認說明也買了黑心油,接著又說不知道大統長基的油是混充劣質油,再加上對這些黑心油的流向交代不清,雖然兩兄弟聯手站上火線道歉,還是滅不了這把已經延燒的熊熊烈火。消費者的信心已經崩盤,現在擬定的退貨機制也被批誠意不足。

深深的一鞠躬,彎腰道歉達五秒鐘,頂新集團的二董魏應充,和四董魏應行帶領一級主管,出面致上歉意,但是這個道歉來得太晚,該說的也沒說清楚。時間倒轉到 10 月 16 號,大統爆發混油事件後,魏家四兄弟明知自家的油料就是跟大統買的,第一時間卻沒有立即承認說明,自行封存後還悄悄送驗,化驗合格的結果讓四兄弟以為可以過關,最關鍵的危機時刻,僥倖心態錯失處理良機。

一直到了 11 月 3 號,大統董事長高振利咬出頂新也向他買油,魏家四兄弟還是沒出面自清,只派總經理張教華說明,頂新和

味全給人覺得不顧民眾死活，只想賺黑心錢，讓人觀感不佳，加上民眾的恐慌，事件越演越烈。

在第 20 天，11 月 5 號，魏應充和魏應行終於站上火線，但是對於味全有多少產品，被黑心油染指又流向何處，還是交代不清，兩兄弟跟兩位一級主管，猛翻資料，還是沒把答案找到，只能一再強調企業的宗旨，搬出良心事業童叟無欺的宣言。但是這次的黑心油事件，面對利益與商譽，魏家四兄弟第一時間想鞏固的是財庫，沒想到問題油衍生的危險，民眾的失望讓頂新集團，深陷黑心油油槽，失了形象，也毀了商譽。

3. 地道酬善（存善念，諸事必獲保佑，凡事順利成功。）

有天在開會的時候，王永慶先生告訴大家他覺得一個東西很不錯，叫「免治馬桶。」他覺得員工家裡都該有一個，就每一個員工送一個。在員工心目中，王永慶董事長是個照顧員工的善心老闆。15 年前自掏腰包，贈送台塑四萬多名員工一人一座免治馬桶當成額外獎金，他關心員工健康的舉動讓員工感動難忘。王永慶先生剛去世時，台塑員工內心百感交集，一位主管指著員工廁所裡的免治馬桶說：「這一個個免治馬桶，全都是董事長王永慶先生關心員工健康裝設的，不但在公司裡頭裝設，就連每個員工家裡也都送了一座免治

馬桶、還派專人安裝，在當時可是花了6億元。」原來王永慶先生自己使用過後，體驗到免治馬桶的好處，就想把上萬元的免治馬桶當成是員工的額外獎金來發送，這樣貼心的善舉，讓收到大禮的員工又感動、又驚喜。「感受到王董事長的苦心，覺得他對員工的衛生安全，真的很照顧！」

僅僅是因為自己覺得好，馬上想到自己企業的員工應該也要擁有，這絕對是一個企業家（企業家不同於企業主）「善」的最佳典範。雖說一個經理人，或許不能將善心發送到全企業、全臺灣、全世界，但是若連「善待自己身邊周圍」一切都不能，那怎能期待獲得更多人寬厚的對待？

4. 商道酬信（重視信用，必會得到商業回饋與尊敬。）

寫到這裡時，「巧遇」麵包人工香精、假米、混油案。2013年「胖達人」麵包連鎖店添加人工香精涉嫌詐欺案，業者使用「人工香精」卻以「純天然」標榜，不實宣傳好抬高售價，賺取與一般香精麵包的價差，恐觸詐欺得利。

「山水米」製造商泉順食品公司出品的「佳長米」，用劣質越南米混充臺灣米，山水米董事長李東朝再度強調是「產地標示錯誤。」農糧署長李蒼郎指山水米二年內出包 18 次，怒批業者「行徑囂張。」對此，業主李東朝居然還說：「事實上，我不是最多的，每家糧商都一樣！」（比爛就是說這種）。消基會痛批，臺灣食品管理已經是「無

政府狀態」，胖達人和山水米這二家廠商，根本罰不怕。各別依照食品衛生管理法和糧食管理法，被罰 18 萬以及 20 萬，但胖達人一年營業額 6 億，山水米至少 10 億，對業者來說根本不痛不癢。

　　以上這兩則新聞，令筆者對臺灣的一些「企業經營理念」，真的是「嘆為觀止」！經商居然不是「比誰品質好，誰賺的錢多？」是在「比誰品質爛，誰賺的錢多？」以往在臺灣社會大家做生意，講求的是「耐操、好擋、拼第一！」曾幾何時？越來越多的人創業經商，只是為了能快點「牟取暴利，一夜致富。」難怪，近幾年我感覺到企業經理人的這個工作，真是越來越不好走了；為了防範某些企業不道德，政府還祭出一個「窩裡反條款」。

　　業主創業，若只是為了想大賺不義之財，罔顧信用、社會責任與道義，教經理人「如何兼顧利益與良心的天秤？」經營企業不同於從政，政治人物不守信，人民可以用選票抵制；企業經營不道德、不守誠信，沒有被人發現檢舉，一下就可以黑心十幾、二十年，還對社會造成極大的恐慌不安及後遺症。在臺灣，「賣黑心商品是好過賣一級管制毒品！」賣一級管制毒品被抓可重判死刑（起刑是無期徒刑），賣黑心商品也不過就罰錢了事，無奈政府罰則不重。

　　經理人在企業負責經營管理，也會因業務需要常跟外界接觸，更應了解「言行合一就是等於守信」。不管於內、於外行事說話都要更謹慎，以免換來負面評價。假如我是個總經理，對著採訪的新聞媒體

說：「公司員工一定加薪！」、「公司一定捐出多少錢做慈善公益！」一整年過去卻都沒動靜，那對員工及社會大眾信用何在？經理人有機會代表企業發言，說出來的話就是要去完成它，才表示一言九鼎。說話不經深思，說了又做不到，倒不如不要說得好，避免成了空口說大話，爾後說再多承諾的話都會被人當成：「Bullshit！」嗤之以鼻。

案 例

◎「對我也不說實話！」 節摘中國時報【鐘武達／彰化報導】

富味鄉遭爆生產黑心食用油，與該公司有伙伴關係、超過30年交情的洪姓廠商表示，「棉籽油」事件傳出時，就曾奉勸陳文南兄弟實話實說是上策，沒想到連他都騙。

富味鄉公司在彰化縣芳苑鄉是家專門生產麻油與花生油的老字號工廠。陳氏兄弟從父親陳百川手中接棒以來，也經營得有聲有色。兄弟倆在地方與人為善，與在地的多數企業都有往來，這次爆發黑心油事件，連最親密的企業伙伴都很訝異。

芳苑工業區洪姓企業主指出，5、6 年前，他曾經與陳文南就富味鄉的食用油產品研發有過一場討論。陳文南還信誓旦旦表示：「我就是要堅持品質，才能打造品牌。」沒想到言猶在耳，怎麼會演變成這樣。

「賺錢有數，信用要顧!」經營企業超過 30 年的洪姓廠商，深知做生意要「誠信」的道理，他還勸陳瑞禮，如果真有錯，一定要實話實說，才有翻身機會，如果刻意隱瞞事後被拆穿，肯定會吃不完兜著走。

　　「我家一直都是用富味鄉的油」，洪無奈表示，現在問題鬧到這麼大，陳文南兄弟如何收拾殘局，只能靠良心與智慧。（筆者註：很懷疑他們有嗎?）

　　2013年真是臺灣黑心企業「禍國殃民」的一年，民眾的食品安全問題反映「某些企業為了賺錢，簡直是道德淪喪、喪心病狂」。加上一些相關行政單位執法成效不彰，持續讓人民處於驚恐不安之中。難道，為了賺錢，真的可以罔顧一切嗎？

5. 業道酬精（加強及尊重自己的專業，才能期盼在事業上得到回報。）

　　經理人對自己的專業本分做到精通、精準、精密，才有可能從中得到更好、更高的回報。HP（惠普公司）的企業理念：「以世界第一流的高精度而自豪。」就是要大家在自己工作崗位上「力盡與精進」責任與本分。郭台銘先生說過的「如果論」，個人覺得是一個對「專精」滿有見地的論述。以下則是我自己的如果，僅供參考：

（1）你不把公司事業當成是自己的責任事業經營。

（2）你不把員工珍惜為自己的戰力，只當奴隸。

（3）你只會濫用權力，坐在辦公室罵人。

（4）你一天不會巡視各部門一到兩次。

（5）你忽視社會大眾、客戶、員工的評價。

（6）你對自己的專業沒有良好的敏銳度、判斷力、執行力、創造力。

（7）你只會叫別人做事，自己卻「從不」參與，也不試著了解困難與問題。

（8）你眼中只有利益、沒有其它更重要的非利益價值。

（9）你沒有法治精神，只想要不擇手段達成企業與自己目的。

（10）你沒有想過要在「客戶、企業、員工」的利益之間找出平衡點。

（11）你提升不了團隊能力。

（12）你只會花大錢做小事、做錯事。

（13）你只想著權力鬥爭。

（14）你無法發掘人才，也不栽培人才。

（15）你不重視提升企業員工的修養。

（16）你不知道員工在做什麼，放任部屬胡作非為。

（17）你沒有道德觀、時間觀、人類觀、是非觀。

（18）你不去提升自己的知識。

（19）你不敢嘗試新的事，為公司創造更好的績效。

（20）你經歷多次失敗還不能成功、學不到教訓。

那麼，你不配當個經理人，早晚會成為一個拖垮企業的惡魔。

聘用你，讓業主很失望、員工很反感，對企業絲毫沒幫助。

四十五、員工大會的建言

　　員工大會的發言機會很難得，但不要爭取福利的多、建議事項的少。讓企業同仁們真正明白――員工的福利，是和全體員工的努力成正比。

　　我待過的某間中小企業公司，每一季要開一次員工大會，當天早、晚班各舉行一次。除了董事長之外，幹部參與的人只有三位，兩位經理、一位總經理，沒有中基階層的管理幹部，其他的與會人員全部都是員工，超時部分一律用加班費X2計算。

　　這天是我最緊張的日子，會議只要一結束，就要忙上一整個月。身為一個員工該講的、不該講的通通都講了。董事長交代總經理二個月內，必須帶幹部改善反映的問題達到90％，若在下一季會議召開前驗收未達到，幹部當月全部扣薪10％，董事長還要親自督導一週完成剩下的工作。問題是：「總經理哪裡會等到三個月？」一個月內就要求我們全部做完！扣薪10％則是因為董事長說：「改善只達89％未達90％，就是幹部不夠努力，所以我要扣幹部10％的薪水，來警惕幹部『10％＋89％＝99％』已經接近100％完美了。」老闆就是老闆，我由衷欣賞他的妙論，沒有「貶損」之意。

　　這場員工大會召開的目的，主要是公司高層（董事會）想要聽到員工真實的聲音，讓員工暢所欲言以方便了解公司的營運狀況。這也

是唯一讓勞資雙方溝通的管道，老闆想聽、想知道，公司最近都發生了些什麼事？這個會議讓幹部很有壓力，但對幫助改善企業內部問題是「超級有效」。董事長在開會前先致詞，表明員工大會三大規則：

（1）、不可以做出人事鬥爭的發言。

（2）、不可以言論攻擊他人。

（3）、不可以發表不實的事情意見。

每個部門可以提 2～3 個問題，員工想說什麼都可以說，無論是問加薪的？問獎金的？問公司未來計劃方向？建議公司管理是否可以更人性化？希望增加休息時間的……等。總之，身為一個員工能說、想說的可以說，全部問題都會由董事長親自回答。經理跟總經理的列席，只是為了現場立刻對董事長備詢與報告：「員工所建議、提出的事項是否可行？是否屬實？」

這會議的定時舉行，讓公司全體員工都很積極，工作時彼此之間會相互砥礪求進步。員工因為有直接面對老闆發聲的機會，不分幹部、員工在公司的言行均很自律，也都會想為公司好，因為公司好了，大家才有機會開口跟老闆爭取福利。

這位董事長曾經說過一段話，讓我到今天都印象深刻。大概內容是：「大家開會都想爭取福利的多，建議事項的少；我希望大家明白，企業員工的福利，是和全體員工的努力成正比。大家都很努力，一定會反映在公司整體業績與品質上，該給各位的一定不會少、還

會多。但是大家一直專注在自己的福利問題，卻沒有把讓公司營運更好的建議事項提出，那公司一定不會進步。」

公司召開這種會議的做法的確很特別，如今在臺灣企業中，勞資雙方直接座談的會議並不多見，覺得滿可惜的。這位董事長還教過我：「從員工提問題的深度，也可以過濾出哪些員工具有被發掘的潛力，列為特別觀察的對象。因為他們可能就是『人才』。」

四十六、重視開會的意義

　　會議若流於形式化，只重視會議的量，不重視會議帶來的實際改善效率，重複在會議上檢討工作的錯誤及問題，或講類似的話，仿效古代「天子臨朝」的會還有什麼意義？

　　身為一家之主，在早上全家起床後，會不會把全家人都集合到客廳，然後開始說今天牙怎麼刷？臉怎麼洗？早餐怎麼吃？大眾交通工具怎麼搭？最後要怎麼回家？這樣是不是有點「阿達」？

　　不知道各位的公司，一天開幾次會？一個禮拜開幾次會？若經理人過度迷信，把開會視為一種「讓工作進步的檢討方法」，又或是常常因「朝令夕改」而開會；與會久了還真是只能用「百無聊賴」來形容。除非公司每天做的工作內容都不一樣，不然大家不覺得奇怪嗎？上班都做幾乎一樣的事，到底一天開 2～3 次會的意義何在？是經理人與管理者都沒有親自下去走動，檢視內部執行工作的實際情形，才要早、中、晚的把一堆幹部、員工叫進辦公室，利用會議報告給他們聽嗎？還是各位同仁的工作執行力出現了「難以解脫的障礙」呢？

　　公司內部執行會議類型有：工作報告會議、例行會議、重大會議、問題改善會議、品質會議、週報會議、緊急會議……等一大堆「名堂會議」。讓我們確認一下，除了一些會議是「定時要開」、「有問題要開」，其他會議若都像「緊急會議」一樣照三餐開，或是

每次召集開會就是一直做分析報告、資訊傳達，這企業內部組織「言出法隨」的觀念都那麼差嗎？主管跟員工還要不要做事？不是我形容的太極端，是真看這類事發生過。

我聽過一位剛升遷的主管私下抱怨：「升遷後，感覺比沒升遷時更無作為。上班的工作就是『開會』！根本沒空去看部屬工作到底執行的如何？」當經理人或主管認為：「開會是改善及解決問題的最好良方！」，一天到晚都在開會，讓會議流於形式化，只重視會議的量、不重視會議的質，反覆在會議上檢討工作的錯誤、問題、講類似的話，有什麼意義？會議不就是讓大家藉由「討論、研擬、檢討、改進問題的方案與結論來達到共識，接著就無異議的執行到底、完成目標的嗎？」假如會議後執行上有狀況，就該立刻反映、回報和及時處理，不是一直「等著利用開會再來檢視與解決」。上班都在開會，早、中、晚在開會，是不是大家的理解力跟執行力都有問題？需要開那麼多會議，才能達到工作上執行該有的成效。會開多了只會讓部屬變成「知道會怎麼開，不知道工作怎麼做。」知易行難亦是如此。

我個人不管當幹部或員工，務求「會議創造的工作執行、改善效率」。當經理人時，除了必要的、重大的會議外，一個禮拜基本也就開兩次會；一次是在禮拜一的早晨，一次則是在禮拜五下班前。因為會議開得少，所以希望同事們特別重視這兩次與會的會議品質。會議內容大概如下，僅做參考：

禮拜一早晨的會議：

1. 休假做了什麼？（本章最後補充）

2. 分享資訊。

3. 提出本週工作上的計劃跟目標。

4. 馬上協調「部門、資源、支援」，務必完成責任分配與工作分工。

5. 務必達成共識，全力執行。

6. 再次確認討論的事項沒有其它問題與異議，保證依照時效，達成目標。

禮拜五晚上的會議：

1. 一週工作結果報告。

2. 工作花絮與經驗分享。

3. 分享資訊。

4. 請同仁利用一點休假時間，思考如何進行、規畫下週工作上的計劃跟目標。

就這樣，一週只開兩次會。兩次會議中同仁提出的任何想法、做法都絕對尊重。倘若在會議後實際執行上發生問題，但是他們開會時沒事先設想到，我一定會嚴正的質疑：「開會時怎麼沒提呢？怎麼沒想到呢？」藉此讓部屬「著重好的規畫與好的執行力，不是只在會議中提出好想法跟好問題」。

問休假做了什麼？只是滿足我個人的「好奇心」，想知道同仁們有沒有在工作以外的時間，遇到什麼樣特別的事情？可以和同事分享，帶來一點啟示與聯結。除了表達自己對同仁關心的態度，也可於進入正式會議前稍稍緩和一下大家「Blue Monday」的上班情緒。（註1）

註1：Blue Monday,「藍色星期一」，又稱「憂鬱星期一」。源起於英國。意指人類在星期一總會感到特別憂鬱，心情亦比較低落。這大概因為在很多地方，星期一是每週公眾假期（星期日）過後的第一個工作天。在這天人們要收拾之前假日的愉悅心情，重新面對工作接受壓力，一些比較眷戀假日的人，就會覺得星期一相當難過。據統計，星期一的自殺率比其他日子相對地高，而且自殺的人大都是青年人及壯年人。其實，比較深入精確的「憂鬱星期一」，是指每年1月份的第三或第四個星期一，主要因為在英國的社會文化，每逢上述日子市民都會收到累積自聖誕假期以來的龐大開銷的信用卡帳單，在經濟上感到強烈的負擔與壓力所致。

四十七、聽員工說實話，還要聽員工說壞話

鼓勵員工說真話，做有建設性的批評與建議；比他們都不去思考問題，只會阿諛奉承來的好。

員工說：「公司這個產品做得真不好！」經理人聽到後會作何感想？我會覺得：「連員工都不認同，產品還能進到市場裡競爭嗎？」

「員工組織在企業中是一個社會型態的縮影」。過著常態穩定的團體生活，任何來自家人與朋友的意見及資訊，都可能會因工作關係被帶入企業團隊組織中。其中不乏是對於業界的資訊與討論，最寶貴的還是員工生活周遭一切對企業的看法。有些企業會催眠旗下員工：「對公司要時時保持高度認同及忠誠。」這太主觀了，主觀的意見並不能為公司帶來進步，還會讓企業成員一直迷茫在企業塑造的「完美世界」裡。

讓員工說實話很好，但偶爾讓他們說壞話更好；壞話不是要他們無的放矢的謾罵公司，是要給他們有機會表達：「站在消費者角度，看公司經營與產品的客觀意見。」企業裡很多經營方針及決策，掌握在少數的專業經理人手上，但經理人太專業了，專業到只相信自己永遠是對的，容易忽略企業以外社會消費大眾的評價。這種讓「少數人決策多數人『可能意見』的方式」無疑就是一種賭博，賭贏了還幸運，賭輸就是衰敗的開始。請問經理人：「對於為企業選擇做出一

個重要決策，真的能用『賭』的嗎？」答案見仁見智。經理人並不是投資人，但保護投資人的「投資」卻也是重大職責之一。拿投資人的巨大成本去「賭」任何一個「代表企業或被企業授權重大決策」，到頭來都可能會讓企業付出不必要的慘痛代價。

案 例

◎微軟（Microsoft）承認Windows 8作業系統的錯誤 且準備在今年做出重大改變

節摘 金融時報 2013／5／7

微軟行銷長暨財務長Tami Reller接受《金融時報》訪問時表示，今年稍晚微軟推出Windows 8作業系統的更新版時，將會改變其中的「關鍵環節」。Tami Reller坦言，許多用戶難以適應新軟體的操作，「學習曲線真實呈現了這一點」。根據《金融時報》報導，分析師用可口可樂 30 年前新可樂的大失敗，來比喻微軟此回大逆轉的做法。

去年2012年 10 月Windows 8上市時，微軟執行長Steve Ballmer曾說此舉是「拿公司下去賭」，欲以此「豪賭」和蘋果iPad競爭。但當時分析師便警告，改變軌道恐怕是史帝夫·包曼團隊的一大失敗。

獨立科技分析師Mark Anderson表示：「旗艦產品這樣搞會很可怕，他會嚐到後果的。」科技研究公司Envisioneering的分析師Richard Doherty表示：「這就像當年的新可樂。」（註 1）可口可樂當年推出新可樂不到3個月，消費者完全不領情，只好放棄新可樂的配方。

註1：1985年4月，新世代可口可樂推出世面，可口可樂突然改變甜度，消費者不只感到僅僅是甜度的改變，而是品牌重要性質的變化。他們因此拒絕新產品，甚至是發生集體性抗議。當時迫於百事可樂的競爭壓力改變配方，增加產品甜度釀成了行銷災難，就是這一問題的表現。】

四十八、讓員工快樂地上班

讓員工快樂的上班，就能要求他們「心甘情願」的做好本分內該做的事，更專注地投入在自己的工作環境裡。可能，還有機會得到他們為公司做額外的回饋。

很多的企業經營管理書籍，都會談到這樣的問題：「要求員工的工作態度及效率、執行力前，應先給予適當、良好的工作環境。」工作環境確實會對員工的工作表現，帶來奇妙的化學變化。

有次開會我問同仁：「大家覺得員工什麼時候最快樂？」答案五花八門，有的說休假、中樂透，有的說看主管做錯事被「削」。我接著再問：「那什麼時候是他們最『應該』快樂的？」大家想了一下……有位同仁說對了：「上班！」休假、中樂透、看主管被削這些事，在人生中是不會天天發生的，只有上班是幾乎天天要做的事。想想上述的事情要是都沒發生，員工也不快樂，人生多數時間豈不是很灰暗？不就長期處於不快樂的狀態上班？在不快樂的狀態中上班，工作態度、效率、執行力會好嗎？

「捏怕死，放怕飛」是臺灣人的一句俚語，意思是說：抓太緊怕捏死，放了怕飛太遠回不來。所以扣除掉員工自身因素，「如何給員工快樂的上班環境？」而不是玩樂上班，必須靠企業、管理階層、員工三方共同建立，絕對不是三者其一的一廂情願就好。「盡量讓員

工快樂的上班」，提高他們對工作的熱忱。下面分享 10 個「實際遇過」影響員工上班情緒的原因：

1. 不要讓員工見你就有壓力

員工一來上班，最怕看到自己上司擺臭臉、說話口氣太嚴肅，這會讓員工一進公司開始作業前就備感壓力，甚至心裡預設著：「公司是不是有大事了？」、「主管今天是不是心情不好？」、「我是不是最近做錯事了？」等。建議企業幹部們每天在員工一上班時，先整理好自己心情，用平靜和緩、自然和悅的態度主動跟員工先打招呼。不要一大早就擺個臭臉盯著每個員工看，就只因為自己的「起床氣……」。這是一個大家每天上班可能遇到卻很少注意的問題。

一次我在某間日式餐廳吃飯，一位主廚滿臉嚴肅、雙手插在胸前，一直在走道巡視人員工作狀況。當他站在我附近看著他的員工工作時，我真的很不舒服；我是來消費的，主廚對員工有天大的不爽、擺臭臉，也不該在所有客人面前吧！這不只是讓員工有壓力了，連客人看了都有壓力。

2. 亦師亦友亦家人

主管整天擺出一副高高在上的樣子，好像「三代沒做官，這代我最大」，對員工盛氣凌人、頤指氣使，也教員工難以接受，一上班就期待著趕快下班，甚至「討厭」上班。建議幹部對員工，在工作上要像個老師，休息時間要像個朋友，關心員工要像個家人。職務雖

有分層，只是幹部資歷比較久，懂得比較多，不是「位高權重」。況且員工不是主管花錢請的，是公司花錢請的；不是領幹部的薪水做事，大家都是領企業的薪水做事。員工沒有太常犯錯或是冥頑不靈，主管沒必要有事沒事就擺著「我尊你卑」的樣子；就算員工真的「很皮」，建議大家依循規範提報，公事公辦就好了。

3. 相關員工的資訊要透明

公事的資訊不夠透明、明確，也會影響員工的心情，特別是攸關員工自身的權益問題，例如：休假該怎麼排？紅利獎金怎麼發放？績效評比結果如何？這類跟員工切身相關的事。

◎蘋果日報：

尾牙送出價值上億元的現金、獎品，不過員工卻相當不給面子，隔日立即向《蘋○》爆料，指○○電每年在農曆年前將發的激勵獎金已經不發放了，因為「拖到過年前瞞不住了」，並諷刺公司口口聲聲說的「用愛對員工」，其實就等於沒有紅利。

這個新聞，明顯的就是公司一直壓消息。企業不一定要給的福利沒有給，經理人該說的又不去說明，倒頭來只是讓企業很難堪。企業主選擇給或不給員工什麼樣的福利跟獎金，當然可以有不得已及

其必要的考量。可是建議經理人，消息資訊要盡可能提早透明公開的對員工詳細說清楚。經理人雖然是聘僱人員，但同時也是勞資雙方的橋樑，若僅是業主說：「今年沒有……」就當成沒事不去說，沒有先替員工做好心理建設跟準備，硬是拖到「紙包不住火了」，消息讓員工自己確認，員工的反彈跟不滿當然會更大。確實，臺灣有些企業主財大氣粗，自己蠻不在乎；但是經理人不是老闆啊！還有計畫跟工作需要靠員工執行，當員工把不滿的情緒反射到工作上，擦屁股的人還是經理人呀！總不能跟企業主說：「獎金不發放，員工耍擺爛，我也沒辦法。」這話哪裡會有老闆聽得進去？

4. 專心工作、八卦別說

面對員工，有些事可以輕描淡寫帶過，畢竟遇到員工愛八卦說人閒話，真的是教人受不了。有人說話就是很誇張，誇張久了就變謠言，謠言散開了會讓人心浮動，人心浮動內部又要忙著闢謠，八卦的闢謠是管理者工作上本來該做的嗎？

對於愛亂說話的員工，雖然沒明令懲處辦法，但我一定會親自約談，還會另請兩個以上的主管「再約談」以表重視。這是一個人的道德修養問題，在我個人看來「背地裡陳述、談論別人莫須有的事，就跟對著人臉上吐一口痰是一樣的，是種侮辱！」雖然經理人不能干涉員工私下的言行，起碼在職場內總可以規範員工吧！公司週圍若都是說同事閒話的「閒人」，不覺得反感嗎？對被說的人公平嗎？公司

內談論的是公事，員工要說誰哪裡不對、不公平、只要事證明確，哪怕我是總經理，當面說我都願意接受。有的人偏偏特別喜歡討論人家的感情，人家的私生活領域，那到底跟工作有什　關係？如果沒有關係，又有什　好討論的？

我絕對同意員工有言論的自由，但是言論自由不是無限上綱凌駕在別人的隱私上，太過分還可能要負上法律責任。尤其幹部愛談論八卦就不用比照員工辦理了，不夠素質當個幹部，只好請你回去當員工。幹部要比一般員工自律，也要更有智慧，讓「謠言止於智者。」

案 例

我曾糾舉過一位主管，其領導統御職能完全建立在人性的弱點上。員工之所以為員工，表示可能在企業內學經歷、見識，都尚未達到較高的水平。只能說員工是「未啟蒙」跟「潛力未開發完成」，絕不能認為他們是「層次較低的人」。正因如此，這些員工的意志比較薄弱、容易被動搖。這位主管管理的模式，就是抓住了這些弱點，「在員工之間建立矛盾及衝突，然後自己再當好人化解，藉此展現自己優越的領導統御能力。」不然就是自己帶頭亂扯八卦，弄得有員工氣到差點上法院告他毀謗。用白話說就是：先挑撥離間、無中生有後，再貓哭耗子假慈悲。這樣的幹部或員工人品絕對是有問題的，心術不正之人何以服眾？還能委以重任嗎？員工能讓他帶嗎？

5. 有教無類

宅男員工：「組長，可以請教您這個問題該怎麼處理嗎？」

組長：「這之前不是教過你們了嗎？要我說幾次？」（心想：笨死了，教那麼多次！）

辣妹員工：「組～長～，可以請教您這個問題該怎麼處理嗎？」

組長：「沒關係！來、來、來！我再教你一次！」

（臉上笑的是真開心，心想：又可以表現一下了！）

職場上，大家或多或少也遇過。這根本不是「有教有類」，已經有點算是「歧視」了。幹部帶有領導統御職責，本該一視同仁、有教無類；要嘛你就一樣不耐煩，要嘛你就一樣有耐心。員工在旁都歷歷在目，難怪看的不快樂。誰喜歡受到差別待遇？何況還是面對自己的主管。

6. 對員工犯錯別斤斤計較，要恩威並施

筆者有一年除夕，帶著一個小組，十幾個員工留守公司不能回家。晚上巡視公司時，撞見了幾個人躲在休息室玩「撲克牌」，我瞄到後馬上轉頭走人。正當剛走，轉身的背影被組長從另一邊看見了，他當下喝斥組員趕快收起來不可再玩。當我走回辦公室坐下後，組長追進來了。

他問我：「副理，你剛剛都看到了嗎？」

我：「看到了什麼？」（裝傻）

組長：「他們在打撲克牌呀！」

我：「有呀，我看到了呀！」（還不錯。坦白從寬，抗拒從嚴。）

組長：「那要懲處他們嗎？」（緊張的樣子。）

我：「按照公司員工守則，上班執勤時間這樣可以開除，對吧？」（規章倒背如流。）

組長：「所以他們全開除！？」

我：「今天是過年，開除他們找誰來留守？更何況開除他們，不是等於讓他們在過年就失業嗎？大過年罵人也觸人霉頭，算了吧！當我不知道、沒看到。可是，你要告訴他們『永遠』不能再犯。過完年若有人傳出去，說他們這樣我沒懲處，我一定全部開除！」

這樣處理或許是不對的！但是員工都會犯錯，都沒犯錯那就不是「人」。只是犯錯後，衡量利弊輕重、就事論事即可；過度大驚小怪、窮追猛打的，那會讓員工很受挫。

7. 別給員工無感的福利

有間公司有無塵室，從來沒有給過無塵室員工津貼。某天，公司「破天荒」的宣布，說要開始發給無塵室的員工——「無塵室津貼」（註 1）。附帶條件是：「要配合公司加班政策的才有。」這可讓員

註 1：一般有無塵室的公司，會給無塵室的員工津貼。無塵室員工的作業環境，全身需要多穿一套防護衣隔離汙染源，比一般員工辛苦一點。

工私底下罵翻了，明明是在無塵室上班的員工津貼，怎麼感覺變成「加班津貼」了？立意良善的福利，還是引來員工罵聲。這就要怪經理人，公司一個政策是要給員工福利，搞得「牛頭不對馬嘴」。員工覺得：「在無塵室上班該領的津貼，變成要加班才拿得到，乾脆叫加班津貼就好了嘛！」是呀，我也有同感。不知道是哪位經理人的創意，把一項公司福利弄得這麼「無感」，難怪員工光聽到就不快樂。

8. 沒有為什麼？規定是這樣！（務有所求但行無所本）

經理人設計「工作執行流程」與「作業規定」，一定有它的原因，「應該」不太可能讓員工多做無意義、又浪費時間的多餘步驟。怕就怕員工不知道原因、貪圖方便，自己省略掉很多步驟，才需要有幹部教導解說。幹部若習慣推說：「沒有為什麼？規定是這樣！」那公司要幹部何必？在職教育、企業理念怎麼傳承？員工根本就「行無所本」。況且「沒有為什麼？規定是這樣！」這算是什麼回答？讓員工知道每個工作的細節跟程序，是為了「務有所求」而做，讓他們知道這樣做是有其「絕對的必要性」。

9. 樹立好典範

「那個主管真的很討厭，自己說一套、做一套，憑什麼要求我們？」員工這樣說真的很危險，表示他的主管已經拉不住人心了。拉不住人心的主管，自己就是問題，還何況員工？

在企業中，幹部本來就是要「身先士卒，堪為表率」。若是幹部都不能以身作則，是以身做「賊」，這個團隊執行力能有多好、多棒？這樣的主管，可能連「請」員工做事都請不動，就算員工去做了，也可能是心不甘、情不願的成效大打折扣。因此，企業主管必須先樹立起好典範「以德服人」。若等到員工們不滿的情緒蔓延開，就跟癌細胞擴散沒兩樣；已經太晚了。

10. 員工常處在「多此一舉、無所適從」的狀況下

這個狀況，真的會讓員工「極不快樂」。說一個不是我當經理人的故事；在做工廠「生產機器技師」時，遇過一個真的教人「疲於奔命」的產線（慘線）主管。待過工廠的人都大概知道，「生產機器技師」是屬於專業技術人員；產品要靠生產機器製出，機器的調整會影響產品良率，產品良率都是由技師揹負責任的。好比今天有兩台機器，生管排程顯示：「1、2 號台機器做 24 吋液晶面板。」那我就要把兩台機器調整成做 24 吋的液晶面板規格（良率還要達99%），絕對不會是一台做 24 吋、一台做 28 吋。

這位教人「疲於奔命」的主管，偏偏喜歡自做主張。生管排程寫：「兩台機器做 24 吋。」他在現場卻要求：「一台做 24 吋、一台做 28 吋。」只因為前一天有剩下 28 吋的一點材料沒做完，想先做完前一天沒做完的東西，然後再做當天排程的東西。大家想想，配合這種效率的主管誰不會疲於奔命？他根本就是個不定時炸彈，哪天會

爆炸害死大家都不知道？

　　生產機器調整修改完都要經過「驗證」的，還要估算PPH值（註2），測試「機器生產製造良率」。這位主管完全不甩生管排程，每天做「自己」的排程，逼得技師要配合他把機器改來改去。有時候改好了，他卻突然說：「不做了！」大家又得手忙腳亂的改回來，真是「多此一舉」到讓人極不快樂。不止如此，他的技術員在旁等待改機器的時間，也都「無所適從」。演變到後來，技師們就故意慢慢改，讓他時間抓不準、做不完；但這樣做，工作團隊豈不是都亂了套嗎？

　　除了上述 10 項列舉，應該還有很多因素，但都是希望幹部重視員工的情緒敏感、善變，以免造成「踢貓效應」（註 3）。當然不能忽視有些員工就是問題人物，但管理員工還是要多付出關心、耐心，盡可能了解每個員工的工作團隊生活圈，是否存在著什麼樣的隱憂及問題？員工在企業工作，所受待遇也理當都是平等的，更不應該受到少數「特殊分子」的掌握以及控制。

註 2：PPH是英文People Produce Hour三個單字字首縮寫，中文稱：人員製作工時，是一種用在生產線、計算人員每小時到工作總時，所能產出的產量值換算法。

註 3：在心理學上，「踢貓效應」是這樣說的：一位父親在公司受到了老闆的批評，回到家就把沙發上跳來跳去的孩子臭罵了一頓。孩子心裡不服氣，狠狠去踹身邊打滾的貓。貓逃到街上正好一輛卡車開過來，司機趕緊避讓卻把路邊的孩子撞傷了。這就是心理學上著名的「踢貓效應」，描繪出典型的壞情緒的傳染。人的不滿情緒和糟糕的心情，一般會隨著各種關係鍵條依次傳遞，由地位高的傳向地位低的，由強者傳向弱者，無處發洩的弱勢者的便成了最終的犧牲品。其實這是一種心理疾病的傳染，涉及到「風度問題」。

四十九、品質絕不妥協，經理人的魄力與決心

同樣的生產成本，製造出的產品品質價差若是1塊錢；那麼，製造一億個產品，價差就高達一億元。

臺灣社會部分人不太能認同韓國三星，認為他們「為達目的、不擇手段」的行為幾近偏執。但李健熙（註1）改革三星十多年過程中，徹底展現了韓國民族性的「衝勁與堅持」，這些特質在他大刀闊斧的改革措施、企業經營理念上更是表露無遺，也因此在韓國贏得「改造巨匠」的美譽，奠定了三星的基礎，確立了今日數一數二的國際品牌地位。根據今周刊2013年的一篇報導指出：「三星企業年營收，超越全臺灣科技廠總和。」而他的決心與魄力，從以下這件事我們更能深刻認知。

1990年代初期，李健熙要強化手機業務，過程之中卻出現不良品，他下令將整批十五萬具手機（價值百億韓元）全部收回後集中堆疊，召集全體職員當其面前引火燒燬。並向全體員工宣誓：「絕對不會再製造出這種產品！」

註1：李健熙生於1942年1月9日，父親是三星集團的創始人李秉哲，最後因逃稅及背信罪嫌疑下台。1987年，45歲的李健熙接掌公司權杖，在就任會長前，已經在三星工作了21年。1993年，李鍵熙發起了影響整個三星命運的「新經營」運動。提出以「質量管理」和力求變革為核心，徹底改變當時盛行的「以數量為核心的思想」。三星的崛起便從這裡開始。

李健熙「強悍」的表現了：「多少錢被燒掉都不在乎！只在乎能不能做到最好！？」因為企業革命總是需要用龐大慘痛的代價，喚醒「全體必達」的決心。十五萬具手機集中燒燬的這一幕，我相信三星員工被震撼到了！原來企業要的目標與理想，和員工實際做出的結果竟是如此的相違不堪。當企業定下偉大目標付諸實際行動後，發現得到的成果竟是呈現相反，這其中必定存在著不可原諒的毀敗因素－－「The devil is in the details」（魔鬼藏在細節）。於是，領導者只能藉由「強勢」來表態魄力與決心，昭告企業組織裡的每個人「錯誤是絕對不被允許的！」企業組織的成員若不能「大徹大悟」，怎麼能夠去達到「所謂第一」？要成為「第一」，任何象徵式的口號跟豪邁的發言是沒有幫助的，缺乏集體改革的努力就不可能。

　　經理人強大的魄力與決心，是來自於一種「對自身失敗的憤怒」，不是「極權」。藉此激發企業全體成員貫徹「企業理念」，並集體反映在「實際的行動上」，讓企業組織由內到外深刻認同：「有共同堅決的心去做到最好！」但也因為常採用「強勢態度」展現，容易被人誤解為「嚴苛或專權」。

　　勞勃狄尼洛（Rober de Nior）在主演的《CASINO》裡（註 2），他就是扮演一個「嚴格有魄力」的賭場經理人。有一幕是他對著《巴

註 2：《CASINO》改編自美國真人真事，台譯：賭國風雲。王牌（勞勃狄尼洛飾）人如其名，是賭城的風雲人物，他受雇為幕後黑手黨大哥經營賭場，成績卓然有成。

黎蛇蠍美人秀》的帶團經紀人說：「你的舞者還是過重4公斤（話說觀眾哪裡看的出來），我要解雇她請她回國，太懶散、不控制就是她的問題（指舞者）。」另外一個場景是，他正在跟賭場負責人談話，卻突然指著桌上的藍莓派生氣的說：「你看你的藍莓派都是餡料，我的卻什麼都沒有（其實還是有的，只是一點點）。」接著他就起身拿著兩個派走進廚房，對著糕點師傅說：「從現在起，我要每個藍莓派的餡都一樣多！」糕點師傅聽後向他表示：「這樣會很花時間。」但是他堅決的說：「我不管！我就是要每個藍莓派餡料分量一樣多！」

員工都難以想像經理人強勢表現的魄力，是對企業產品品質的嚴格要求、把關與堅持的決心。品質問題會直接反映出經理人的工作執行能力、企業整體的水準，不論各行各業的經理人，面對品質問題一定不能容忍妥協。以下一個簡單的比較：

一個產品生產成本只有 80 元，能把它做到價值200元，就可以很合理的賣到180元；但如果只能做出 79 元的水準，那就是連 80 元的成本價值都做不到，這產品就不是「價值 79 元」，而是一文不值了！這一來一往，就差了「180元」。

若套用在第七章所說的：「一家公司智慧型手機出貨量是 4 億支」來算，利潤差就高達「180 × 4 億 ＝ 720億元」，員工終究不是企業主與經理人，當然很難去想像這數字了。所以魄力跟決心變成是領導者與管理者必須強勢展現，並一定要讓員工了解其背後意義的一種管理態度。

五十、定下目標，激勵「逐」夢；不是「築」夢

根據蓋洛普調查142個國家，超過六成的勞工，坦誠自己並非全心全意地投入組織目標。只有13%的人，認為自己樂在工作；臺灣更少，只有 9%。很多人上班只是所謂的——「夢遊工作者。」

經理人職涯中最為難的，應該是企業要求經理人「畫大餅」給員工看，希望員工能把績效做出來。「為難」的是，這等於讓經理人去對員工說謊一樣，沒有什麼差別。企業求競爭、發展，是跟員工一起「逐」一個夢，不該讓經理人去給員工「築」一個夢。雖說：「人因夢想而偉大。」但夢想還是要有實際的努力、行動才可能完成。

經理人除了想為企業怎樣做得更好？還要設法用獎勵驅動團隊共同為目標努力。「今年目標拓展10家店」、「今年目標績效要破1億」想完成這類事，需要按部就班跟全體盡力執行，單靠「公司想、經理人講」是不可能的。夢想與白日夢差別在哪？夢想是要整個團隊都認同，並「為它付出同等質量的加倍努力」爭取，白日夢一個人做就可以了。當我帶領了一個團隊，只有我想為公司「這樣……那樣……哇！無限美好……」就是做白日夢！

巴納德：「管理職能包括明確地說明目標，及獲得實現所定目標必需的資源和努力。」經理人為達到企業或自己更高的理想及目標，應該是「不客氣」的跟公司談判（不客氣 ≠ 不禮貌），設法得到配合

好想法、做法所需的資源、條件（這都包含了「獎勵項目」），再召開會議清楚的和員工佈達說明。確定全體達到共識後，才可能不畏艱難的努力投入執行到完成。如果只是把理想、目標、方針，寫在會議公告跟公司官網上，那根本沒有動能。員工每天時間到了上班、時間到了下班，三節等獎金、年終等紅利，來公司就是為了糊口，企業談再多的未來都是空談，還會想：「公司說的一切⋯⋯畫大餅罷了！」

　　企業與經理人定下的理想、目標，都該先讓員工深刻體認：「為了什麼做？有什麼好處是大家共享的？」這與《孫子兵法》裡提到的：「道者，令民與上同意者，可以與之死，可以與之生，而不畏危也。」同一道理；「所謂『道』（經營理念與行政執行要明確），就是要能夠讓百姓（員工）與在上位的官員（經營管理層）同心同德，並且可以與在上位的官員（經營管理層）同生死、共患難，不害怕危難。」絕不是理想、目標說完，原因不解釋、好處沒分析、過程無獎勵，反正做就對了！員工聽完也是左耳進、右耳出，終變成「道不同不相為謀」。如此的企業與經理人是很可悲的，帶出來的員工完全「沒有人性」，成員進到公司後就是「混口飯吃」。不在乎工作理想、目標、績效、品質、效率，一切都不在乎，成了「夢遊工作者」。公司的存亡與我無關，反正，不行了就換下一間。

　　松下幸之助：「不論經營理念或使命感多麼高明，在物質方面若無法滿足人的需求，即使再強調使命感，也沒有人會聽得進去。」

五十一、「創新」的偉大力量

「企業要不斷的創新」是老生常談，。但似乎很多經理人與企業卻總是搞不懂「什麼才是創新？」。賈伯斯的定義是：「創新＝借用與連結」，絕對不做人家做過的事。

2001年10月從蘋果電腦iPod發布以後，蘋果就像狂風般的席捲攻占個人電子消費產品市場。iPod應該算是蘋果歷史上最重要的創新產品，史蒂夫‧賈伯斯展示了這款「將1000首歌曲裝進口袋」售價400美元的iPod後，在同類型電子商品中有了很大進步。在這樣的起步下，讓蘋果於2008年的8月股市交易中，終於靠著iPad和iPhone熱銷，及中國市場新興業務帶動下，股價攀漲16％，收盤上漲5.9％達374.01美元，市值達到3467億美元。一度超過艾克森美孚公司（Exxon Mobil），成為全球市值第一大公司。

在2013年9月「全球百大最有價值品牌」排行榜，蘋果擠掉連續13年蟬聯榜首的可口可樂（Coca Cola），奪得第一；搜尋引擎龍頭Google升至第二，可口可樂則跌至第三。創新的力量太偉大了！當年筆者還在學校讀企業管理時，看到書本裡提到IBM與蘋果電腦，蘋果都是被引用在失敗的案例，被打到趴下的那個。時隔十多年，這間公司卻已經不可同日而語。

賈伯斯特立獨行已經不是新聞了，連比爾蓋茲都說：「雖然大多

數時間裡，我與史帝夫都意見相左。但直到他罹病去世以前，我倆一直都保持密切連繫並惺惺相惜。」注意到了嗎？誠如比爾蓋茲所說：「大多數時間他們的『意見相左』。」當微軟已經是個相當成功的企業時，賈伯斯卻在完全不一樣的路線下，帶領蘋果公司走出了自己的價值；唯一堅持的就是「創新」。他定義：「創新＝借用與連結」，絕對不做人家做過的事。

賈伯斯對不會創新與模仿是非常鄙視的，他曾經批評比爾蓋茲：「他毫無想像力，也未曾發明過任何東西。我認為，這是他該專注於慈善事業的原因！」「他完全抄襲我們的成果，因為比爾蓋茲不懂差恥是什麼？」到了智慧型手機時期，他又說：「如果需要，我會耗盡最後一口氣，花掉Apple（蘋果）在銀行裡的400億美金毀滅Android（安卓）系統，來行使正義、懲罰這樣錯誤的行為，因為它就是偷竊的產品。我願意對這件事引爆核戰！」從上面幾件事來看，就可清楚了解賈伯斯對「不會創新、模仿」的深惡痛絕。

蘋果與 IBM在早期的競爭案例是在1980年代，當時很多小型企業還在使用Apple II時，蘋果感覺它們需要創造一個更新型、更先進的電腦，加入企業用電腦市場的戰局，於是開始研發Apple III。但是Apple III的設計師被迫遵循賈伯斯「高難度和不切實際的要求」，覺得電腦散熱扇「不雅緻」因而拿掉，結果導致電腦容易過熱而故障，迫使連最早期的「Apple系列型號」都被回收。再來則是Apple III的

售價太過昂貴，雖然在1983年推出了改善的升級版，並進行了降價促銷，基本上仍是無法挽回Apple III在市場中的劣勢。在幾乎同一時期的1981年，IBM推出的「IBM PC」及其「相容機」（註1），很快攻占了美國個人電腦市場，但Apple III卻總共只製造了9萬部。

　　賈伯斯批評比爾蓋茲沒有想像力及剽竊創意，係因1984年比爾蓋茲在一次參觀蘋果電腦的總部時，看了賈伯斯展示了「Mac圖形使用者介面」的原型（註2），隨後在1985年微軟就發行了「Microsoft Windows」，它讓合作的IBM PC擁有了圖形使用者介面。蘋果電腦無法容忍其它公司複製 Mac，向微軟提出告訴，微軟則以中止提供給「麥金塔電腦」用的商用軟體Microsoft Excel的開發作為威脅，讓官司纏訟了四年，結果不了了之。官司結束後有「傳言」，當時 IBM 也在開發仿 Mac的圖形介面「TopView」，如果官司判決微軟侵權，表示日後蘋果也能把 IBM拉下，在市場上獨占一面（傳言指的應是「競爭法」問題）。

　　雖然微軟首版Windows在技術面上不如Mac，但它加上一部 PC 相容機的價格卻比Mac便宜很多，是那個年代（1980~1984）的消費

註1：早期的 IBM 相容機主要是基於 x 86 系列CPU，使用 ISA 匯流排，能夠執行PC-DOS／MS-DOS系統。

註2：麥金塔電腦（Macintosh, 又簡稱Mac）是「第一部」具有圖形使用者界面的個人電腦。

者大眾較能接受的。不過，後來的IBM及蘋果發展差異極大；IBM專注在大型企業及政府機構類的客戶，蘋果則專攻打造個人消費性電子流行產品。

　　蘋果的創新可以完全歸功於賈伯斯的人格特質，私底下玩世不恭，工作上完美主義、脾氣異常暴躁、有話直說、自戀、對部屬嚴苛專制（魄力、決心異常強烈）、評價他人正負極端化……等。但最令人佩服的是「賈伯斯有不斷創新的熱情」，能夠說服周遭的人認同他的想法、理念、創意，追隨他的腳步。

　　或許是命運的巧合，源自「NOKIA」的行銷口號「科技始終來自於人性」，最終卻是巧妙的在「蘋果」應證了。他的創新，把科技智慧帶入了每個人的生活中；「多點式觸控面板」與「使用者介面」和網路的結合，如今變成大街小巷人手一支的電子行動商品，「不重複做別人做過的事」這是追求創新必備的首要原則；也許很難、很遙遠（註3），只要不放棄，它終會「垂」手可得。（隨時拿起智慧型手機不就是「垂」手可得？）

註3：2004年起，蘋果公司召集了1000多名內部員工組成研發 iPhone團隊，在 30 個月動用了約 $1.5 億美元，完成了第一代 iPhone。

五十二、企業定位、產品、行銷的「三位一體」

　　企業做行銷，都是想表現出特色或與眾不同，進而達到高營收，或凸顯品牌價值與高知名度。如果做了卻又都達不到上述的效果，何必做？行銷前，應該先慎思：「企業定位對不對，產品品質值不值？」

　　筆者不是專業的廣告人，也不敢自詡是行銷的專業經理人，本章的探討就從最簡單的「印象植入」說起。

　　對很多人而言，行銷等同花大錢、做廣告、買時段來催眠消費者。有人說：「你累了嗎？」我們就會想到：「保○達－－○牛。」或是說：「專注完美、近乎苛求！」我們就會想到：「LE○US。」這是消費者被廣告催眠後下意識的反應。行銷廣告能做到這樣深植人心，算是達到很好的效果。若是只會花大錢買時段，製播讓人難以理解的廣告，除了浪費錢，也達不到特別商業目的。企業在行銷之前，首先要做的就是「定位」；有了定位，產品才能走出品牌價值，行銷才能有其訴求。

　　企業的定位不容易，主要配合自己的經營方向、市場、產品等變化，預設對自己有利、穩定的目標去達成。這跟一個人從小立定志向後去完成它，某種程度上是相同的。「想當專業經理人，就努力朝當專業經理人的方向去做，當自己發現不適合，就要改變志向，不能一直痛苦的勉強自己去做，結果卻什麼都不能完成。」

企業自己若不能找到適合的定位，就像是一艘裝滿員工的大船，在大海裡漫目標的隨風漂流；靠不到岸就不能落地生根，沒有立足之地又要怎麼開花結果？品牌價值也無法樹立，沒有品牌價值，產品就無法深植消費者的意識中，也搶占不到任何業界優勢。企業定位還不能與人定志向完全相比（整船的人不比獨木舟上的一個人），要越快、越早、越靈活越好，還要隨時「臨敵制變」，產品才能走出自己的創意和特色路線。若同業之間做的產品實用性及功能、效果都差不多，根本也沒有什麼好突顯的了。只好比誰的行銷策略有噱頭，吸引消費者的青睞，讓他們願意因廣告建立的各種印象而花錢，成為產品的購買者。行銷廣告印象訴求的種類有很多，提出下列八種參考：

（1）恐懼訴求：

利用人對恐懼的感覺而呈現的一種廣告型態。恐懼又分為很多種，不是只有「靈異現象，看到鬼！」，病、老、死、危險、人的主觀排斥感，皆帶有恐懼因素。適當的呈現恐懼所造成的效果較好，過分誇大恐懼會讓人反感、不安，還會降低預期效果。

（2）娛樂訴求：

以娛樂性質呈現的廣告型態。多用歌舞、戲劇、表演、對話等方式，表達內容訊息。這類廣告對於大眾的吸引力和加強印象方面很有效，但考慮到產品本身的實用性質，實際效果容易因人而異。

（3）參與訴求：

　　藉由鼓勵大眾積極的參與及互動，達到廣告的目的；最常見的是汽車業的「試駕送好禮」或「來店就⋯⋯」等。

（4）感性訴求：

　　用故事情節、文字敘述、知名人物獨白等方式，表達一種真實的感覺，藉以引起大眾來自「內心的同感情緒」，達到共鳴及認同的效果。

（5）理性訴求：

　　廣告內容說之以理，分析說明商品的優點，以突顯「帶來怎樣的好處？」常利用調查數據、實驗證明、事實證據的真實方式表現。

（6）反證訴求：

　　先否決掉某些廣告內容傳達給大眾的主觀意識，然後再以對自己有利的方式做為廣告內容，表達出自己商品相對於其他商品更好的優勢。

（7）道德訴求：

　　表達正面的資訊，試圖告訴大家對與錯，藉以改變大眾以偏概全或錯誤的觀念。多用於理念的傳達，及鼓勵大眾投入公益活動，建立良好形象。

（8）藝術訴求：

　　內容較為抽象；藝術是一般大眾不易理解的（我們常說看不懂的東西，就是藝術），不能一看到就馬上知道廣告想呈現的人、事、物結論，需要讓大眾去消化與思考，這類廣告多會分為前、後段，表達一種與自己相關的寓意及真理。

　　先不管企業利用這麼多種廣告方式，訴求為何？還是要先慎思「定位」和「因地制宜」。

　　最近有個速食業者研發出新的薯條產品，聲稱自家薯條減少40%的脂肪、減少30%的卡路里。這家業者為了強打這項新商品，不惜將經營幾十年的招牌大改名，把「漢〇王」變成了「薯〇王」。先不論，未來是能否達到業者期望的經營收益，但是我真的佩服這個公司，用如此大膽的行銷策略；一般業者不會輕易為了某項特定產品，將企業代表名稱易名的。

　　業者選用此一做法，可見這家公司對自家新薯條產品的重視與信心。當然，還是那句老話：「要不斷創新。」有了創新，才能帶來信心！若是產品沒有任何突破，廣告再怎麼打，只是形象的提昇。形象類廣告對企業能帶來的收益，原本就很有限；沒有新產品打動消費者，消費者跟誰買都一樣。

　　近25年前，有間製作即溶咖啡包的大公司，一項新產品的行銷策略「手法」就極富創意。市場上，大家都還在賣一般的三合一咖啡

即溶包時，業者率先推出了市場上沒有的「卡布奇諾三合一咖啡即溶包」，表示即溶咖啡包也能泡出「濃醇泡沫」的卡布奇諾咖啡。

廣告持續在各大電視台播出近兩個禮拜後，業者卻沒有在任何一家實體店面舖貨。很多消費者看了廣告，前往商店問：「有沒有賣卡布奇諾三合一咖啡即溶包？」很多店家表示：「不知道有這樣的新商品！」然後商店業者跟經銷商反映，經銷商再跟製造商者反映，製造商再根據全臺灣經銷公司提供的消費者反應，快速精準的舖貨在全省各大實體店面。就這樣，連很多經銷商都不知道的新商品，卻因為消費者看了廣告買不到，想買的人到處問哪裡有賣？瞬間炒熱了起來。

這個行銷手法在當時真的算厲害，想想那時候的臺灣資訊不比現在發達，它卻利用逆向的操作手法「打了廣告不舖貨，東西就買不到；讓你想買的人先去問，再讓被問的人想來買。」讓這項新產品在全臺灣快速傳開了。25 年前，這樣的做法是屬於比較大膽創新的；但時代不一樣了，若是今天用這個手法行銷，應該會被消費大眾「砲」（砲轟）到翻掉……

許多大企業公司具有跨國際性質，在各國行銷的時候，還要考量當地文化、經濟、風俗民情的差異「因地制宜」（前面第九章提到 NIKE「在哪裡，為哪裡」的市場開發策略也類似如此）。畢竟東方人和西方人多數時候的生活型態都不一樣，不能把臺灣人看了好笑又受歡迎的「控八控控」這類型廣告，不經修改直接拿到美國或中國

大陸播出，還希望得到同樣的效果；這就真的好笑了。

2013年H○C砸下 3.6 億台幣，請電影《鋼○人》的男主角拍攝行銷廣告，媒體報導業者自稱這廣告男主角被視為「改革者」（但「他」不就是個收錢拍廣告的電影明星嗎？能改革什麼？）。這支充滿西式幽默及概念的廣告，在歐美市場我相信能達到某種程度效果（如同：「控八控控」），但在臺灣及中國大陸與亞洲市場，是一堆人都看不懂。

況且，中國大陸這幾年國家民族意識高漲，在政治、領土主權問題上，對日、美的心理抗拒因素越來越強烈（釣魚台事件）；臺灣人要西進中國大陸市場機會還是很多的。偏偏這年頭，業者說要把市場生根中國大陸，加強對中國人陸市場的開發；但廣告行銷手法與定位看似錯誤，訴求的對象也傻傻弄不清楚。

◎節錄TVBＳ　狂批猛轟　三星向大陸消費者道歉　2013／10／24

　　大陸的國家電視台央視，接連二天以二十多分鐘的篇幅深入報導三星手機設計不良，儲存晶片有嚴重瑕疵，造成手機會經常當機，在維修上也歧視中國大陸的消費者，央視提出了一連串的質疑，批評力道相當猛烈。央視主播：「三星相關型號的手機是否存在質

量問題?三星對自己 品的質量缺陷是否早就心知肚明?三星出現問題的這些手機,究竟存在多大的 品故障率?」才二天三星就招架不住了,馬上認錯向「尊敬的」中國消費者致上最誠摯的歉意。

　　三星為什麼姿態這麼低?很簡單,因為中國大陸是全世界最大的手機市場,其中智慧型手機市場有800億美金,三星現在市佔率是 18%,在大陸排名第一,他們想要拉攏大陸都來不及,怎麼可能想得罪中國消費者?

　　三星公司廣告:「中國三星是以中國製造走向世界的,名符其實的中國企業。」一個韓國企業想把自己塑造成中國企業,可以想見它多在乎這個市場。其實三星在中國大陸扎根已經二十多年,不斷的透過行銷塑造企業形象。中國三星形象影片:「中國三星以做中國人民喜愛的企業、貢獻於中國社會的企業為目標,不斷迎接挑戰,步步向前邁進。」(筆者註:商人無國界)

　　以上報導消息出來後,其實是給了臺灣某手機大廠,一個做行銷最好的時機(時機很重要)。下面我用「反證、理性、感性」三個訴求,做一個「拙劣」的示範。

　　場景:露天咖啡座

　　角色:牛耿與阿信－－關係是好哥兒們

廣告訴求內容：手機品牌比較

時間：30 秒

嘟~嘟~嘟~（電話響）

牛耿：喂！喂！老婆兒！喂~~~！智能機怎老死機兒，真是「忽悠」人哪！價格那麼高檔還真只值「三顆星」的水平兒，一會兒回家，又準說我鬼混去了兒！【反證訴求】

（智能機：意指智慧型手機；忽悠：意指唬弄；死機：意指當機。）

阿信：別急~用我的打回去吧！

牛耿接過電話，做出撥號狀。

牛耿：喂！老婆兒！唉呀！我那兒「三顆星」的智能機又死機了兒！正在跟阿信喝咖啡呢兒！妳看，這不是他的號碼嗎！等會兒，我就回去了額！

牛耿講完電話，電話還給阿信。

牛耿：唔~不錯呀！設計挺順手的啊！樣式又新潮兒，介面又「利索」。中國貨？

（無關國家、政治，因地制宜。）

【理性訴求】

阿信接過產品，對著鏡頭：我都愛用這個品牌「H○C」！

劇情結束，全黑畫面亮「綠」字：

同胞們：換掉您手上的「三星級低能機」

給「五星級」的H○C一個機會，證明它更好！

（「五星級」諧音「五星旗」，兩者亦可對調。）

【感性訴求】

（-END-）

　　以上只是一個虛擬的方向跟想法，實際怎麼做會更好，還需要大家自己衡量。當然，自家產品有沒有到達「五星級」也很重要。但我相信，這廣告想法比起「寫手門事件」（註1）來的光明正大。各位也別太認真，我不過就是舉個例子而已。「危機就是轉機！當然，也包含對手的危機！」

註1：臺灣三星「寫手門」事件，被公平會認定為是影響市場秩序，造成不公平競爭的手段，重罰臺灣三星新台幣1,000萬元。同時，接受三星委託的網路行銷公司鵬泰顧問與商多利公司也各罰新台幣300萬元與5萬元。公平會在發布的新聞稿中寫道：「這就像是用布袋蓋住對手後打人，讓挨打的一方，因為不知何人所為，而無法還手。」

五十三、企業領導者與管理者的共同之處

2011年6月亨利·明茨伯格《經理人的一天》出版。書中提到：「領導者是做正確的事，因應變化；管理者是正確地做事，因應繁瑣。」

「正確」是這兩者角色的唯一共同之處，就其他方面而言，仍有多數管理學者與企業對這兩者角色的看法差異很大。於是，筆者想到經理人的角色，應該正剛好介於兩者之間：「經理人在企業裡要能做正確的事，因應變化；也要知道正確地做事，因應繁瑣。」很多大型企業到開始試著讓企業領導人融入管理團隊，不僅只是在幕後做授權的工作，希望能為下墜中的企業帶來新的契機、注入新的活力。雖然已經稍嫌慢了點，不過還好，只要開始，永遠都不嫌遲。不管是領導者或管理者，根本不需要看亨利·明茨伯格的書，就能獲得這樣的認知。

早在西元196年，中國就有一個人，把這兩個角色詮釋得淋漓盡致，個人譽他為中國歷史上第一個超級CEO－－曹操！《三國志》對他的評價，是魏、蜀、吳三國君主之中最高者。陳壽道：「曹操，為漢末天下大亂，雄豪並起，而袁紹虎視四州，強盛莫敵。太祖運籌演謀，鞭撻宇內，攬、申、商之法術，該韓、白之奇策，官方授材，各因其器，矯情任算，不念舊惡，終能總禦皇機，克成洪業者，惟其明

略最優也。抑可謂非常之人，超世之傑矣。」

　　以下改編自曹操《讓縣自名本志令》又名《述志令》，我以主觀及現代的方式重新描述，或許有點瞎掰，望能博君一笑。

　　大學畢業後，我輕鬆取得EMBA（年僅 20 餘，舉「孝廉」），但自認不是那種藏身校園鑽研學術、浪得虛名的學者。又恐怕被親朋好友當作是無才者，所以一心想當一間公司的主管，以理想與所學，靠著用實務發揮、建立聲望，讓周遭的人都看見我。

　　所以在濟南公司擔任副理時，革除企業組織弊病，公正地行事、廣薦人才，不巧觸犯到內部一些權貴同事，遭到主流勢力排擠。因為不想給公司及同事帶來麻煩，我自動離職了。

　　離職後，回頭看看與我同年畢業的同學中，有的還在攻讀博士學位，仍沒有社會經驗。我想：再歷練個幾年，大家都差不多歲數了，可能會比還在攻讀博士的同學，因較早擁有社會經歷而更有成就，所以想先返鄉試著創業。在自家附近五百公尺處，租個小店面，白天賣雞排、晚上進修其他專業科目，生活上只求平安順利、三餐溫飽就好，也盡量避免掉來自社會上朋友的交際應酬。

　　但這個想法最後卻沒有成真。我被東漢朝公司聘請去當市場開發部經理，後派往中國大陸成立子公司。心想：在東漢朝公司中好好表現，得到老闆青睞，將來有機會當個高階經理人，退休時還能有個優良幹部員工表揚大會。

到了中國，遇到對手董卓公司強勢挑戰，在業界廣徵人才，我卻不願與之起舞，反選擇精省人力，因為人多不一定好辦事；企業員工要重質不重量，才可以發揮團隊最大潛力。

　　前進中國大陸時，只帶了幾個人，剩下的都到當地去招募，那時整個中國市場，子公司也不過才30人，我只想先在市場上站穩腳步。登陸發展成立子公司後，我先擊敗了次要對手黃巾之亂公司，併購他們公司得員工300多人。

　　接著，靠異業結盟策略擊敗了董卓公司；後再有袁術公司盜用我們公司技術，在市場上推出了新商品、價格更便宜，產品也仿照我們的樣式，讓消費者轉向選擇他們，卻還敢放話說未來計劃成立兩個子公司與我們競爭。眼看商業陰謀就要得逞，居然還有合作廠商建議袁術公司，在盜用我們的創意後，先表示他們才是業界龍頭。但即使如此，袁術公司都不得不承認：「我們市場仍有強大競爭對手，東漢朝公司！」

　　此後我主動出擊，提出商品侵權、仿冒專利、竊取商業機密告訴（漢獻帝當商品、玉璽當商業機密），以小搏大成功的起訴了他們四名重要高階經理人，以及連帶若干廠商一堆，致使袁術公司勢窮力盡、身敗名裂，最後終經營不善而倒閉。

　　官司纏訟期間，同業袁紹公司又趁隙慢慢占據了中國北部大多的市場，市占率大幅提升，估計當時公司官司後的實力，實在是不能

跟他硬拼。想到這開始擔心我的企業使命不能完成，於是更加緊投入新產品的開發與行銷，希望能為企業提高競爭力。

運氣很好，產品一上市就順利的攻占市場，後來幾年內還收購了他二家子公司。沒想到又殺出個劉表公司自恃是老闆的親戚，仗著親友關係其心不軌，有意無意的仿造我們產品來市場分一杯羹，我也力退了他。

這才使東漢朝公司奠立基礎、穩定成長，我自己也當上了CEO。以一個企業幹部來說，我的人生願景已經攀上了顛峰，已經超過原來的願望了。

今天說這些，好像很了不起，其實是想消除董監事們及同事們的非議，所以才無所隱諱罷了。假使公司沒有我，還不知道會有多少同業自稱市場第一？多少人在業界稱霸？可能有的人看到我的成就斐然，為人自負、常說「命運操之在己，事在人為」恐怕會私下議論，說我有奪取公司的野心，這種胡亂猜測，常使我心中不得安寧。

想想一個優秀的領導者兼管理者，能留下好名聲的原因，是因為他們的能力很強，卻始終能夠以企業使命、投資人、員工的大局為重啊！話說公司現在產品市占率，雖然在中國大陸已達到1/2 的市場（三國鼎立、曹操占據得中國大半長江以北的領地），我身為公司CEO仍舊不敢自稱業界第一；因為我們要挑戰自己，因為我們要做出更好的產品來滿足消費者。

我不僅是對各位同仁來訴說這些，還常常將這些話告訴家人，讓他們都深知我的心意。我告訴他們說：「等到我退休之後，我會投身企業公益，希望要傳承良好的企業文化，鼓勵同仁與員工都知道要『取之於社會，用之於社會』的道理。」這些話都是出自我內心肺腑的至要之言。之所以這樣勤勤懇懇地敘說這些心裡話，是要表明自己的立場，恐怕別人誤解我的緣故。

　　現在要我就此放棄我所掌握的企業權力，把權力全交還公司，回到我一開始的市場開發部門去，這是不行的啊！為什麼呢？實在是怕放掉了權力，讓公司降低競爭力。這既是為企業打算，也是考慮到自己鬆懈，「市場將會被人取代的危險」。因此，我不能因貪圖虛名而使企業遭受實際的損害，這是不能做的啊。

　　先前，公司準備給我的三個親信部屬升遷副執行長，我本還在客觀審慎的評估中。現在我改變主意打算接受它，不想再以此沽名釣譽；而是想以他們做為後援，確保企業和自己的工作計畫、願景能絕對達成著想。

　　我仰仗著公司的聲望，代表老闆做事，在商場上以弱勝強、以小搏大。想要執行的工作，做起來無不如意；心裡有所考慮的事，實行時無不成功。就這樣開拓了中國市場，沒有辜負企業給我的使命。這可說是連老天都幫我為東漢朝企業賣命，不是人力所能企及的啊！

　　然而，我現在掌管的分公司有四個，享受4000萬台幣的年薪，我

有什麼功勞配得上它呢？而公司新市場開發還未穩定，我不能放下權力回到原單位去。至於紅利跟股票，我可以少領少分。現在，我把另外兩家分公司相關事務交還公司重新分配，只保有我當初創立的「市場開發部門子公司」及併購的「黃巾之亂公司」主導權。姑且以此來平息董事會、投資人及同事們的猜忌，稍稍減緩大家對我的疑慮吧！

2013年，我回頭看西元196年（建安元年）的曹操，在完全不考慮時空、背景、科技、經濟、政局的角度下，不管是當時或現在，對於他能夠在亂世中，知道如何「做正確的事，正確的做事」推崇至極。當時，他最主要執行的四大政治綱領：

（1）「挾天子以令諸侯」，權傾一時沒有稱帝。

天下大亂、群雄並起，選擇「挾天子以令諸侯」是為了「因應政局變化」，取得自己亂世當權的正確性；另有部份史學家認為，曹操之所以沒有篡謀漢室，主要是為閃避引發當時諸侯的起兵抗爭。因此可看出，「奉迎天子的確是『做了正確的事』，先因應後來不可測的政局變化；沒有篡位是知道這才能保持正當立場，藉著『復興漢室』之名來『正確的做事』，避免衍生太多不必要的繁瑣戰事。」

（2）天下大亂：禍起百姓飢苦，他首創「軍民合一、屯田積穀」。

這個綱領是影響當時經濟層面最為廣泛的，當士兵不用打仗時，除了操練以外就是與百姓下田同做農耕。「國欲興：必先食足，兵強，民定。」國家要興盛：先要有足夠的飯吃，兵力才能更強盛，

百姓才能得以安定。這種理論用在企業管理上應是相通的，企業想穩定中求發展，勢必也要讓幹部、員工「足食而求後兵強」。若不能給予企業成員充足的工作量，滿足他們一定的薪資所得，降低人員流動，哪能談穩定以求眾人「正確的做事」來「因應繁瑣」呢？

（3）連年戰亂、社會動盪、人才流徙遷移，提出了「唯才是舉」的徵才政策。

東漢末年與三國時期，為躲避中原地區的戰亂，大批漢人開始移民長江流域（長江流域橫跨中國東部、中部和西部三大經濟區）。漢代平民想要出任官職的主要選拔方式是「察舉制」（註1），但漢室衰敗及連年戰爭，早已經讓察舉制度形同荒廢。曹操後來獨霸北方後，藉著三下《求賢令》才得以讓好的人才紛紛回到長江以北，他統領的地區所用，可說是「因應變化，做出了正確的事。」

（4）政局混亂，國家綱紀廢弛；軍閥割據，首重嚴刑峻法。

三國在歷史上稱「亂世」，「亂世才出英雄」！既然是亂世，為了因應不必要的「繁瑣」可能產生，首重嚴刑峻法就是要約束當時軍民行為而必須祭出的「亂世用重典」。在這個方面，曹操可以說是

註1：漢朝皇帝為管理國家，需要提拔民間人材採用的是「察舉制」，由各級地方推薦德才兼備的人才。州推舉的稱為秀才，郡推舉的稱為「孝廉」，但到東漢末年逐漸出現地方官員徇私，所薦者不實的現象。所以民間有了：「舉孝廉、父別居，舉秀才、不識書」的諷刺說法。推薦一個人是孝子、卻未跟父母同住並照顧，推薦一個人學問廣博、卻連書裡的字都不認得。

「做了正確的事，『因應亂世變化』；正確的做事，『因應了社會繁瑣』。」

　　究其曹操一生，不能說他沒有做錯事，但從歷史來看，他的一生大多都「能做正確的事，因應變化；也知道正確的做事，因應繁瑣。」從中國東漢末年衰敗的政局中，他以一個「創業者」之姿（註2），開創了「三國」到日後「魏晉南北朝」近370年（西元220年～589年）的歷史局面。撇開他是政治假以商業立場來看，我認為他堪稱中國歷史上最早的「領導者兼管理者。」

註2：西元189年回家鄉陳留之後，曹操散盡家財徵募鄉勇，豪強衛茲也傾家財助之，率先揭竿舉義，討伐董卓。故可稱是個「創業者」。

五十四、企業的人類觀

松下幸之助：「沒有正確的人類觀，不能稱為一流的經營管理者。」

企業有機會成功，是先有創業成功，創業成功不代表「創業者」能夠一直守成。「創業維艱，緬懷諸先烈；守成不易，莫徒務近功。」小學朝會時我們都會唱的升旗歌，很多人都應該忘了吧！創業成功可能僅需辛苦幾年、十幾年，還要帶點「運氣」；守住一個企業成就，卻要持續辛苦幾十年，還要憑「企業整體實力」（本章最後說明）。

一人的力量真的很有限，不可抗拒的事情總是太多，病、老、死、總會經歷。百年之後又是面臨新的世代，一切的輝煌成就終會過去，也會有成為歷史的一天；當下若已足夠，那也必然是夠了，何必執著於「成功捨英雄其誰」呢？

聖嚴法師用佛教的角度談人類觀：「不要用我們的身體製造煩惱，要用我們的身體去修福、修慧、自利、利他，此為自在。」那「企業的人類觀到底是什麼？」企業的人類觀，應該就是降低企業內外因「人」而發生的煩惱問題？企業組織由眾多的「人」組成，工作上的問題時時刻刻脫離不了「人」；正當工作忙碌，時時刻刻都為人帶來了解決不完的問題，還要因「人」發生的問題，再由「人」去做一些處理，這都是很無謂的。因此，我們才需要在企業內、外都建立

起一個良好的「人類觀」，盡可能減少人的問題，把時間多用來解決工作上的問題。

企業的「傳賢不傳子」有其道理，把企業先交給了對的人，才能避免太多錯誤的事發生。企業經理人對企業事務做了最大的努力後，不能保證把企業營運管理都執行到最完美，但要「力求」接近完美，才有可能成就一個企業的「王道」。近幾年看到不少打拼許久的本土成功企業，毀敗在少數稱為「專業經理人」的手裡，很多都是「一人所為、一念之差、一蹶不振」。所以，筆者衷心建議臺灣更多的企業主與經理人，眼光及想法要更智慧宏觀，別讓「惡魔」毀掉了眾多人辛苦修練而成的「企業王道」。

＊觀察「企業整體實力」筆者首以八項條件、因素，從這些事情的觀察中，就可以知道一個企業大概的「整體實力」。

1. 企業的經營管理理念與行政管理系統是否「開明通達」？

2. 企業的發展、經營策略，是否能夠及時把握住良好契機？並積極、主動取得天時與地利。

3. 企業內的所有領導管理幹部，是否均有優秀的才能及好品德，才德兼備。此亦可稱做人和。

4. 企業公布的行政命令、工作規定及計畫，是否確實有效貫徹執行？

5. 企業整體行事規範是否公正？善功有賞、惡過必罰，賞罰分明？

6. 企業內部相關人員工作的設備器材是否維護精良？

7. 員工們的整體表現與水準素質，是否又較高於其它同業界中的人員？

8. 員工對於所從事的企業內部工作，有沒有比同業中人員表現更為專精、熟練？

五十五、影響世界的100個經典管理定律

這100條被人譽為經典的管理定律，來自每一位不同專業學者、大師的完整理論與邏輯。很多相似理論本書中亦有提及，最後在此做一個分享。

001.奧格爾維定律：善用比我們自己更優秀的人

002.光環效應：全面正確地認識人才

003.不值得定律：讓員工選擇自己喜歡做的工作

004.蘑菇管理定律：尊重人才的成長規律

005.貝爾效應：為有才幹的下屬創造脫穎而出的機會

006.酒與污水定律：及時清除爛蘋果

007.首因效應：避免憑印象用人

008.格雷欣法則：避免一般人才驅逐優秀人才

009.雷尼爾效應：以親和的文化氛圍吸引和留住人才

010.適纔適所法則：將恰當的人放在最恰當的位置上

011.特雷默定律：企業裡沒有無用的人才

012.喬布斯法則：網羅一流人才

013.大榮法則：企業生存的最大課題就是培養人才

014.海潮效應：以待遇吸引人，以感情凝聚人，以事業激勵人

015.南風法則：真誠溫暖員工

076.帕金森定律：從自己身上找問題

077.達維多定律：不斷創造新產品，同時淘汰老產品

078.路徑依賴：跳出思維定勢

079.跳蚤效應：管理者不要自我設限

080.比倫定律：失敗也是一種機會

081.犬獒效應：讓企業在競爭中生存

082.零和游戲原理：在競爭與合作中達到雙贏

083.快魚法則：速度決定競爭成敗

084.馬太效應：只有第一，沒有第二

085.生態位法則：尋求差異競爭，實現錯位經營

086.猴子—大象法則：以小勝大，以弱勝強

087.破窗效應：及時矯正和補救正在發生的問題

088.多米諾效應：一榮難俱榮，一損易俱損

089.蝴蝶效應：1％的錯誤導致100%的失敗

090.海恩法則：任何不安全事故都是可以預防的

091.王永慶法則：節省一元錢等於淨賺一元錢

092.凡勃倫效應：商品價格定得越高越能暢銷

093.100-1＝0 定律：讓每一個顧客都滿意

094.魚缸理論：發現客戶最本質的需求

095.長鞭效應：加強供應鏈管理

096.弗里施法則：沒有員工的滿意，就沒有顧客的滿意

097.250定律：不怠慢任何一個顧客

098.布里特定理：充分運用廣告的促銷作用

099.尼倫伯格法則：成功的談判，雙方都是勝利者

100.韋特萊法則：從別人不願做的事做起

◎資料來源：MBA智庫網站

後　記

　　首先，非常感謝您耐心看完此著。企業的經營是以「科學及數據」為出發點，組織的管理是以「人性」為出發點，臺灣各行各業的經理人應該如何在不同的領域中，妥善運用企業管理？倘若經理人年薪超過百萬，就不該問這個問題。筆者只能說：「企業經營管理的實務與精神若是不重要，只需按照學術理論就想實踐企業或員工個人的理想抱負，企業也就不需要經理人了！買些相關管理叢書放在公司的圖書館供員工們鑽研就好。」企業經營管理是門複雜、講究科學的理論，但實務的經驗有時又勝過於它的科學理論，因此，才需要由經理人來做到「知行合一。」

　　或許，筆者在此書中討論的經理人觀點，並不是深度專業，那是因為希望從很簡單的角度讓大家理解：「先知道從 A 到 A＋，才能知道從 A＋ 到 A＋＋」。長遠的競爭，起步可以容許失敗，只要能在終點前成功，也便是成功了！筆者謹以此書，建議更多的企業經理人善盡職責，抱以「浩然之氣，至大至剛」的理念，成為每個企業裡的「天使」。

鄒美蘭・齊威

2014.1.11於嘉義・桃園

國家圖書館出版品預行編目（CIP）資料

經理人的天使與魔鬼 / 鄒美蘭, 齊威編著. -- 初版.
-- 臺北市：信實文化行銷, 2014.05
面；　公分. --（What's invest；12）
ISBN 978-986-5767-21-1（平裝）

1. 經理人 2. 企業管理

494.23　　　　　　　　　　　　103005562

What's invest 012

經理人的天使與魔鬼

作者	鄒美蘭、齊威　編著
總編輯	許汝紘
副總編輯	楊文玄
美術編輯	楊詠棠
行銷企劃	陳威佑
發行	許麗雪
出版	信實文化行銷有限公司
地址	台北市大安區忠孝東路四段 341 號 11 樓之三
電話	（02）2740-3939
傳真	（02）2777-1413
網址	www.whats.com.tw
E-Mail	service@whats.com.tw
Facebook	https://www.facebook.com/whats.com.tw
劃撥帳號	50040687 信實文化行銷有限公司

印刷	上海印刷廠股份有限公司
地址	新北市土城區大暖路 71 號
電話	（02）2269-7921

總經銷	高見文化行銷股份有限公司
地址	新北市樹林區佳園路二段 70-1 號
電話	（02）2668-9005

更多書籍介紹、活動訊息，請上網輸入關鍵字　九韵文化 搜尋 或 華滋出版 搜尋

經理人的天使與魔鬼

經理人的天使與魔鬼 經理人的天使與魔鬼 經理人的天使與魔鬼 經理人的天使與魔鬼 經理人的天使與魔

經理人的天使與魔鬼 經理人的天使與魔鬼 經理人的天使與魔鬼 經理人的天使與魔鬼 經理人的天使與魔

經理人的天使與魔鬼 經理人的天使與魔鬼 經理人的天使與魔鬼 經理人的天使與魔鬼 經理人的天使與魔

經理人的天使與魔鬼 經理人的天使與魔鬼 經理人的天使與魔鬼 經理人的天使與魔鬼 經理人的天使與魔

經理人的天使與魔鬼 經理人的天使與魔鬼 經理人的天使與魔鬼 經理人的天使與魔鬼 經理人的天使與魔

經理人的天使與魔鬼 經理人的天使與魔鬼 經理人的天使與魔鬼 經理人的天使與魔鬼 經理人的天使與魔

經理人的天使與魔鬼 經理人的天使與魔鬼 經理人的天使與魔鬼 經理人的天使與魔鬼 經理人的天使與魔

經理人的天使與魔鬼 經理人的天使與魔鬼 經理人的天使與魔鬼 經理人的天使與魔鬼 經理人的天使與魔

經理人的天使與魔鬼 經理人的天使與魔鬼 經理人的天使與魔鬼 經理人的天使與魔鬼 經理人的天使與魔

經理人的天使與魔鬼 經理人的天使與魔鬼 經理人的天使與魔鬼 經理人的天使與魔鬼 經理人的天使與魔

經理人的天使與魔鬼 經理人的天使與魔鬼 經理人的天使與魔鬼 經理人的天使與魔鬼 經理人的天使與魔

經理人的天使與魔鬼 經理人的天使與魔鬼 經理人的天使與魔鬼 經理人的天使與魔鬼 經理人的天使與魔

經理人的天使與魔鬼 經理人的天使與魔鬼 經理人的天使與魔鬼 經理人的天使與魔鬼 經理人的天使與魔

經理人的天使與魔鬼 經理人的天使與魔鬼 經理人的天使與魔鬼 經理人的天使與魔鬼 經理人的天使與魔

經理人的天使與魔鬼 經理人的天使與魔鬼 經理人的天使與魔鬼 經理人的天使與魔鬼 經理人的天使與魔

經理人的天使與魔鬼 經理人的天使與魔鬼 經理人的天使與魔鬼 經理人的天使與魔鬼 經理人的天使與魔

經理人的天使與魔鬼 經理人的天使與魔鬼 經理人的天使與魔鬼 經理人的天使與魔鬼 經理人的天使與魔

經理人的天使與魔鬼 經理人的天使與魔鬼 經理人的天使與魔鬼 經理人的天使與魔鬼 經理人的天使與魔

經理人的天使與魔鬼 經理人的天使與魔鬼 經理人的天使與魔鬼 經理人的天使與魔鬼 經理人的天使與魔

經理人的天使與魔鬼 經理人的天使與魔鬼 經理人的天使與魔鬼 經理人的天使與魔鬼 經理人的天使與魔

經理人的天使與魔鬼 經理人的天使與魔鬼 經理人的天使與魔鬼 經理人的天使與魔鬼 經理人的天使與魔

經理人的天使與魔鬼 經理人的天使與魔鬼 經理人的天使與魔鬼 經理人的天使與魔鬼 經理人的天使與魔

經理人的天使與魔鬼 經理人的天使與魔鬼 經理人的天使與魔鬼 經理人的天使與魔鬼 經理人的天使與魔

經理人的天使與魔鬼 經理人的天使與魔鬼 經理人的天使與魔鬼 經理人的天使與魔鬼 經理人的天使與魔

經理人的天使與魔鬼 經理人的天使與魔鬼 經理人的天使與魔鬼 經理人的天使與魔鬼 經理人的天使與魔鬼
經理人的天使與魔鬼 經理人的天使與魔鬼 經理人的天使與魔鬼 經理人的天使與魔鬼 經理人的天使與魔鬼
經理人的天使與魔鬼 經理人的天使與魔鬼 經理人的天使與魔鬼 經理人的天使與魔鬼 經理人的天使與魔鬼
經理人的天使與魔鬼 經理人的天使與魔鬼 經理人的天使與魔鬼 經理人的天使與魔鬼 經理人的天使與魔鬼
經理人的天使與魔鬼 經理人的天使與魔鬼 經理人的天使與魔鬼 經理人的天使與魔鬼 經理人的天使與魔鬼
經理人的天使與魔鬼 經理人的天使與魔鬼 經理人的天使與魔鬼 經理人的天使與魔鬼 經理人的天使與魔鬼
經理人的天使與魔鬼 經理人的天使與魔鬼 經理人的天使與魔鬼 經理人的天使與魔鬼 經理人的天使與魔鬼
經理人的天使與魔鬼 經理人的天使與魔鬼 經理人的天使與魔鬼 經理人的天使與魔鬼 經理人的天使與魔鬼
經理人的天使與魔鬼 經理人的天使與魔鬼 經理人的天使與魔鬼 經理人的天使與魔鬼 經理人的天使與魔鬼
經理人的天使與魔鬼 經理人的天使與魔鬼 經理人的天使與魔鬼 經理人的天使與魔鬼 經理人的天使與魔鬼
經理人的天使與魔鬼 經理人的天使與魔鬼 經理人的天使與魔鬼 經理人的天使與魔鬼 經理人的天使與魔鬼
經理人的天使與魔鬼 經理人的天使與魔鬼 經理人的天使與魔鬼 經理人的天使與魔鬼 經理人的天使與魔鬼
經理人的天使與魔鬼 經理人的天使與魔鬼 經理人的天使與魔鬼 經理人的天使與魔鬼 經理人的天使與魔鬼
經理人的天使與魔鬼 經理人的天使與魔鬼 經理人的天使與魔鬼 經理人的天使與魔鬼 經理人的天使與魔鬼
經理人的天使與魔鬼 經理人的天使與魔鬼 經理人的天使與魔鬼 經理人的天使與魔鬼 經理人的天使與魔鬼
經理人的天使與魔鬼 經理人的天使與魔鬼 經理人的天使與魔鬼 經理人的天使與魔鬼 經理人的天使與魔鬼
經理人的天使與魔鬼 經理人的天使與魔鬼 經理人的天使與魔鬼 經理人的天使與魔鬼 經理人的天使與魔鬼
經理人的天使與魔鬼 經理人的天使與魔鬼 經理人的天使與魔鬼 經理人的天使與魔鬼 經理人的天使與魔鬼
經理人的天使與魔鬼 經理人的天使與魔鬼 經理人的天使與魔鬼 經理人的天使與魔鬼 經理人的天使與魔鬼
經理人的天使與魔鬼 經理人的天使與魔鬼 經理人的天使與魔鬼 經理人的天使與魔鬼 經理人的天使與魔鬼
經理人的天使與魔鬼 經理人的天使與魔鬼 經理人的天使與魔鬼 經理人的天使與魔鬼 經理人的天使與魔鬼

經理人的天使與魔鬼 經理人的天使與魔鬼 經理人的天使與魔鬼 經理人的天使與魔鬼 經理人的天使與魔鬼

經理人的天使與魔鬼 經理人的天使與魔鬼 經理人的天使與魔鬼 經理人的天使與魔鬼 經理人的天使與魔鬼

經理人的天使與魔鬼 經理人的天使與魔鬼 經理人的天使與魔鬼 經理人的天使與魔鬼 經理人的天使與魔鬼

經理人的天使與魔鬼 經理人的天使與魔鬼 經理人的天使與魔鬼 經理人的天使與魔鬼 經理人的天使與魔鬼

經理人的天使與魔鬼 經理人的天使與魔鬼 經理人的天使與魔鬼 經理人的天使與魔鬼 經理人的天使與魔鬼

經理人的天使與魔鬼 經理人的天使與魔鬼 經理人的天使與魔鬼 經理人的天使與魔鬼 經理人的天使與魔鬼

經理人的天使與魔鬼 經理人的天使與魔鬼 經理人的天使與魔鬼 經理人的天使與魔鬼 經理人的天使與魔鬼

經理人的天使與魔鬼 經理人的天使與魔鬼 經理人的天使與魔鬼 經理人的天使與魔鬼 經理人的天使與魔鬼

經理人的天使與魔鬼 經理人的天使與魔鬼 經理人的天使與魔鬼 經理人的天使與魔鬼 經理人的天使與魔鬼

經理人的天使與魔鬼 經理人的天使與魔鬼 經理人的天使與魔鬼 經理人的天使與魔鬼 經理人的天使與魔鬼

經理人的天使與魔鬼 經理人的天使與魔鬼 經理人的天使與魔鬼 經理人的天使與魔鬼 經理人的天使與魔鬼

經理人的天使與魔鬼 經理人的天使與魔鬼 經理人的天使與魔鬼 經理人的天使與魔鬼 經理人的天使與魔鬼

經理人的天使與魔鬼 經理人的天使與魔鬼 經理人的天使與魔鬼 經理人的天使與魔鬼 經理人的天使與魔鬼

經理人的天使與魔鬼 經理人的天使與魔鬼 經理人的天使與魔鬼 經理人的天使與魔鬼 經理人的天使與魔鬼

經理人的天使與魔鬼 經理人的天使與魔鬼 經理人的天使與魔鬼 經理人的天使與魔鬼 經理人的天使與魔鬼

經理人的天使與魔鬼 經理人的天使與魔鬼 經理人的天使與魔鬼 經理人的天使與魔鬼 經理人的天使與魔鬼

經理人的天使與魔鬼 經理人的天使與魔鬼 經理人的天使與魔鬼 經理人的天使與魔鬼 經理人的天使與魔鬼

經理人的天使與魔鬼 經理人的天使與魔鬼 經理人的天使與魔鬼 經理人的天使與魔鬼 經理人的天使與魔鬼

經理人的天使與魔鬼 經理人的天使與魔鬼 經理人的天使與魔鬼 經理人的天使與魔鬼 經理人的天使與

經理人的天使與魔鬼 經理人的天使與魔鬼 經理人的天使與魔鬼 經理人的天使與魔鬼 經理人的天使與

經理人的天使與魔鬼 經理人的天使與魔鬼 經理人的天使與魔鬼 經理人的天使與魔鬼 經理人的天使與

經理人的天使與魔鬼 經理人的天使與魔鬼 經理人的天使與魔鬼 經理人的天使與魔鬼 經理人的天使與

經理人的天使與魔鬼 經理人的天使與魔鬼 經理人的天使與魔鬼 經理人的天使與魔鬼 經理人的天使與

經理人的天使與魔鬼

經理人的天使與魔鬼